李杏整形修剪技术图解

冯义彬　冯苑茜　编著

金盾出版社

内 容 提 要

本书由中国农业科学院郑州果树研究所的专家冯义彬、冯苑茜老师编著。全书采用图说的形式，形象直观地介绍了李杏整形修剪的技术点和注意事项。内容包括：李杏整形修剪的好处，李杏植物学特征与整形修剪，李杏生物学特性与整形修剪，整形修剪的原则和依据，整形修剪的手法与作用，李杏常见树形，不同类型树的修剪，低产李园、杏园的改造等。全书图文并茂，技术先进，通俗易懂，适合广大果农和基层农业技术推广人员阅读，也可供农林院校相关专业师生参考。

图书在版编目 (CIP) 数据

李杏整形修剪技术图解／冯义彬，冯苑茜编著 .—北京：金盾出版社，2015.12

ISBN 978-7-5186-0588-0

Ⅰ.①李… Ⅱ.①冯…②冯… Ⅲ.①李—修剪—图解 ②杏—修剪—图解Ⅳ.① S662.305-64 ② S662.205-64

中国版本图书馆 CIP 数据核字 (2015) 第 251855 号

金盾出版社出版、总发行

北京太平路 5 号（地铁万寿路站往南）

邮政编码：100036　电话：68214039　83219215

传真：68276683 网址：www.jdcbs.cn

中画美凯印刷有限公司印刷、装订

各地新华书店经销

开本：850×1168 1/32　印张：5.25　字数：63 千字

2015 年 12 月第 1 版第 1 次印刷

印数：1～4 000 册　定价：22.00 元

目 录

一、李杏整形修剪的好处

（一）树体结构好

树体通过整形修剪，可培养成结构良好、骨架牢固、大小整齐的树冠，并能符合栽培距离的要求。合理修剪可使新梢生长健壮，营养枝和结果枝搭配适当，不同类型、不同长度的枝条保持一定的比例，并使结果枝分布合理，连年形成健壮新梢和足够的花芽，使果树产量高且稳定。合理修剪能使果树更好地通风透光，果实大小均匀、色泽鲜艳、品质优良（图1-1至图1-3）。

图1-1　管理较好的果树

图1-2　管理粗放的果树

图1-3 高大杏树

（二）改善光照条件

改善树体光照条件，可提高其光合作用。植物产品中 90%～95% 的有机物质都是来自光合作用。所以，改善树体内部的光照条件，可以提高幼树叶面积系数，促使成年树叶片成层分布，形成良好的叶幕结构，充分利用光能；可以调整果树个体结构和群体结构之间的关系，改善果园通风透光条件，更有效地利用空间（图1-4）。光照的强弱，对果品产量的影响是很大的（图1-5）。在常见落叶果树中，枣、桃、杏最喜光，李、苹果、梨、葡萄、板栗、樱桃、柿次之，山楂、核桃再次，猕猴桃较耐阴。

图1-4 长、中、短枝比例合适

图1-5 内膛枝枯死

（三）改善树体营养

改善树体营养，可提高果树代谢能力。果树的储藏营养，基本上是碳水化合物和含氮物质，其含量和比例对生长和结果的影响都很大。研究表明，4月份修剪后，修剪部位组织中氮和水的含量比不剪的高得多；相反，修剪枝条中淀粉和糖的含量，都比对照低。这说明，修剪改变了果树枝条的营养组成，利于成花和结果。

（四）早 结 果

提早结果，可延长树体的经济寿命。果树是多年生经济树种，结果一般较晚，进入盛果期就更晚，因而果树早期产量低，投入大，收益少。如何让果树提早结果，早期丰产，并尽可能长期地保持其经济结果年限，获得最大的经济效益，就成为果树栽培者的主要目标之一（图1-6，图1-7）。整形修剪可以调节果树与环境的关系；调节果树器官形成的数量、质量；调节养分的吸收、运转和分配，从而调节果树生长与结果的关系。

图1-6　杏树幼树开花　　　　图1-7　李树幼树开花

正确的整形修剪可以调节树体各部分、各器官之间的平衡关系。一方面，由于修剪是在不减少根系、不减少养分吸收量的前提下，使树冠的枝梢有所减少，因而能促进留下的枝梢生长，提高其光合效率（图1-8至图1-10）；另一方面，由于修剪使叶面积减少，光合产物和供给根系的养分也会相应减少，从而使根生长受到抑制，反过来又影响地上部的生长。因此，修剪在总体上是有抑制作用的，刺激生长的作用只能表现在局部，这表现了修剪对果树地上部和地下部动态平衡关系的调节作用。

图 1-8　去直留平缓势修剪

图 1-9　缓势修剪

图 1-10　增势修剪

（五）优质果率高

合理修剪可使新梢生长健壮，营养枝和结果枝搭配适当，不同类型、不同长度的枝条保持一定的比例，并使结果枝分布合理，连年形成健壮新梢和足够的花芽；形成良好的叶幕结构，充分利用光能；调整果树个体结构和群体结构之间的关系，改善果园通风透光条件，更有效地利用空间；改变果树枝条的营养组成，调整合适的结果数量，而适量结果可以增加果实品质，提高优质果率（图1-11，图1-12）。

图1-11 优质果多

图1-12 未疏花疏果的李子

二、李杏植物学特征与整形修剪

(一) 根系构成

1. **主根** 由胚根芽育而成，多是向下垂直生长的大根，具有固定支撑树体的作用。

2. **根颈** 主根以上与树干相接的地方。

3. **侧根** 从主根上分生出来的各级粗大分枝。侧根在生长时，

图 2-1 须 根

能形成大量的较细须根系（图2-1）。它是临时性的，营养末期死亡，未死亡的形成骨干根，具有吸收、输导的作用。须根又分为生长根、吸收根、过渡根。

（1）**生长根** 初生组织，白色，分生新根的能力很强，也有吸收水分和养分的作用，主要作用是分生新的生长根和吸收根（图2-2）。

（2）**吸收根** 初生组织，白色，主要是吸收水分和矿物质，使根系的主体占总根量的90%以上。初生根寿命短，几天就死亡。

水平根的分布范围则常比树冠径大1~2倍。但具体分布情况，要视立地条件而定，在山区根系常能顺着半风化的岩

生长根

吸收根

图 2-2 生 长 根

石缝隙深入。成年树根系庞大，在土层深厚的地方分布，垂直根系可深达6～8米，因而其地上树冠也大。据调查，黄甘李的水平根长6.9米，是冠幅的2.4倍。吸收根主要分布在地表下5～40厘米深的土层内。

地下部的根生长，一般无自然休眠期，只在地温较低的情况下被迫休眠。根的活动最适温度为15℃～20℃。在土壤温度5℃～7℃时，开始发生新根（图2-3）；26℃以上，根生长缓慢；35℃以上，根生长停止。土壤田间持水量60%～80%时，最适宜根系生长。

图2-3　新根生长

根系生长高峰期是随着季节的气候变化出现的，并且因树龄、树体营养状况的不同而异。如幼树的根生长高峰期，出现3次。第一次高峰期在4月中旬至5月上旬。随着地温上升，根系利用树体储藏的营养旺盛生长。接着因地上部萌发新梢、开花结果，养分要供应地上部，根系生长转入缓慢期。第二次高峰期在6月上旬至7月上旬。这时，果实虽进入迅速膨大期，却因新梢老熟，能制造较多养分，加上根系经过第一次缓慢生长期后蓄积了较多的矿质元素，所以有利于新根萌发。第三次高峰期在8月下旬以后。因这时雨水较多，地温降低，根系会呈现旺盛生长。

成年树的根生长高峰期只出现2次。第一次在春梢停止生长后，这时的发根最多，是全年根生长最旺盛的季节。第二次在秋梢老熟后，发根高峰不明显，持续的时间也不长。

（二）树干结构

李杏在自然生长情况下枝干高大。杏树主干一般比较高大，人为栽培和嫁接的树干较矮，一般只有 60 ~ 80 厘米。

从根颈到第一主枝（或第一个分枝）的部分称为主干（图2-4）。由主干向上直立延伸，位于树冠中心位置的永久性大枝称为中心干，也称中央领导干或中心领导干；密植树中心干较小，类似一个大主枝，且处于中心位置，因此有人把它称为中心主枝。延迟开心形的中心干是通过修剪措施使其从直立向上变为弯曲延伸的。构成树冠骨架的永久性大枝叫骨干枝。直接着生在中心干上的永久性大枝，称为主枝。着生在主枝上的永久性大枝，称为侧枝。在骨干枝和辅养枝上着生许多枝条，按其性质可区分为营养枝与结果枝。营养枝着生叶芽，抽生新梢，不断扩大树冠并形成结果枝或结果枝组。

主干、骨干枝、辅养枝，以及着生在骨干枝和辅养枝上的营养枝、结果枝（结果母枝或结果枝组），共同构成果树的树体结构（图2-5）。

图 2-4　主　干

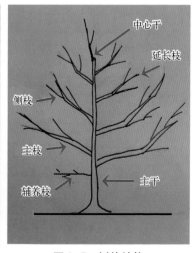

图 2-5　树体结构

　　"干性"是指果树自身形成中心干和保持中心干生长势强弱的能力。自身形成中心干能力强，中心干生长优势容易保持的，称为"干性较强"（图2-6）；反之，自身形成中心干能力弱，中心干生长优势又不易保持的，则称为"干性较弱"（图2-7）。干性的强弱因果树种类和品种不同而异，整形时对干性较强的树种、品种，应采用有中心干的树形；对那些干性较弱的树种、品种多采用开心树形。修剪时要注意控制干性较强的树种、品种树冠上部的生长势，及时控制竞争枝，防止树体出现"上强下弱"现象。对于干性较弱的品种，要注意基部留枝量不可过多，并且开张基部枝条的角度，控制基部骨干枝的生长势，以避免影响中心干的生长势，防止"下强上弱"的现象发生。对开心形树形，应注意局部更新和培养结果枝组，避免早衰。

图2-6　干性强（凯特杏）　　　　图2-7　干性弱（金太阳杏）

（三）树　冠

　　主干以上的部分称为树冠。从树体结构上分，树冠主要包括

图 2-8　树　冠

中心干、骨干枝和辅养枝三部分（图 2-8）。

1. 层性　层性是枝条在树冠中自然分层的能力（图 2-9，图 2-10）。分层明显的称为层性强，分层不明显的称为层性弱。层性与芽的异质性、顶端优势有关。幼树期，层性明显；进入盛果期以后，层性减弱。对于层性强的品种，宜对其主干疏层形整形，不使层间距过大；而层性较弱的品种，则宜采用开心形整形。层性较弱而又采用主干疏层形整形时，要注意使层间的辅养枝不过多、过大，保持较大的叶幕间距，控制叶幕厚度，以利通风透光。密植果园，由于树冠直径减小，冠内透光较好，所以骨干枝不必强调分层，如柱形、纺锤形树冠，其骨干枝插空排开即可，不宜硬性分层。

图 2-9　层 性 李　　　　图 2-10　层 性 杏

2.果枝开张角度 果树枝条与垂直方向的夹角称为垂直角度。垂直角度在30°以内的称为直立或不开张,40°～60°为半开张,60°～80°为开张或垂直角度大,90°左右为水平,垂直角度大于90°时称为下垂(图2-11至图2-13)。枝条垂直角度的大小与顶端优势有密切关系,可影响到枝条的生长势、枝量、枝类组成、成花结果能力,以及树冠内膛的通风透光条件等。垂直角度较大时,枝条生长缓和,枝量增加比较迅速,比较容易成花、结果,树冠内的通风透光条件较好,果实品质优良,树冠内膛大枝的后部易培养结果枝组,而且在衰老更新期膛内易发生更新枝。垂直角度较小时,枝条生长旺盛,枝量增加较慢,长枝比例过高,不易成花、结果,树冠内膛光照条件差,果实品质差,树冠内膛及大枝后部枝条生长弱、易枯死;衰老树回缩大枝进行更新时,仅在锯口附近萌发更新枝,下部不易萌发,因此更新比较困难。

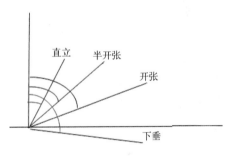

图2-11 枝条不同角度

图2-12 开张型

图2-13 直立型

整形修剪中，不仅要注意骨干枝上的垂直角度，还需注意骨干枝之间、骨干枝与辅养枝之间在垂直角度上的差异。例如，主干疏层形要求基部主枝垂直角度较大，而上层主枝角度较小，以使膛内通风透光良好。为了保持主枝与侧枝的主从关系，要使侧枝的垂直角度大于主枝，而辅养枝的垂直角度尽量大些，以便控制其生长势，促其成花结果。

生产中把加大骨干枝垂直角度的方法称为开张角度；把加大（或缩小）各种枝头垂直角度的方法称为压低（或抬高）角度。开张角度的方法，主要是不对骨干枝过重短截，不选用竞争枝作为骨干枝，而是轻剪、多留枝，并采用支撑、拉枝和背后枝换头等修剪方法。旺树的垂直角度小，重短截可促使枝条直立生长；轻剪、多留枝可以使枝条生长缓和，其垂直角度也会较大。应用机械方法开张角度，以生长季节枝条比较柔软时进行为宜；休眠期枝脆，撑、拉时易折断或劈裂，不宜开张角度。在新梢刚刚木质化时进行拿枝软化，是压低角度的好办法。生产中把枝条与其着生的母枝间的平面夹角称为分枝角度。分枝角度过小，会形成"夹皮角"，此结构不牢固、易劈裂，而且枝之间的空间小，会影响小枝的生长。分枝角度与树种、品种的生长习性有关，在同一枝条上，着生节位高的枝条分枝角度较小；着生节位低的枝条分枝角度较大。为了使侧枝有较大的分枝角度，可以选用着生节位较低的枝条进行培养（图2–14至图2–17）。

在整形修剪中，根据所采用树形的树体结构要求，使树冠内中心干与主枝之间、主枝与主枝之间，

图 2–14　背后枝换头

图 2-15　背上枝带头

图 2-16　强枝带头

主枝与侧枝之间、骨干枝与辅养枝之间，在枝量和生长势上有所不同，并使它们之间保持一定的差别，就是所谓的从属关系。例如，主干疏层形要求中心干强于主枝，下层主枝强于上层主枝，主枝强于侧枝，骨干枝强于辅养枝。这种从属关系可以保持各骨干枝的发展

图 2-17　里芽外蹬

方向，使树冠圆满紧凑。当前生产中果枝往往存在主从不明，或从属关系不符合树体结构要求的问题，这就需要修剪技术对此纠正。在调整主从关系时，主要是通过调节各枝的分枝量、枝类组成、开张角度、结果多少来进行。

　　3.顶端优势　顶端优势也称为先端优势，是极性生长表现形式之一。顶端优势指的是位于枝条顶端的芽或枝生长势最强，并

向下依次减弱的现象。造成顶端优势的原因，主要是树体中的养分和水分相对较多地率先输送到了先端，引起先端部分的芽或枝生长旺盛；同时，先端幼叶所产生的激素向下移动，反而抑制了下部芽的萌发。

　　枝条着生的角度常影响顶端优势的程度，一般枝条直立、角度小时，顶端优势明显，前后生长势差异较大；角度开张大的枝条，顶端优势一般不明显，萌发的枝多且先端生长势缓和。利用顶端优势，可以解释一些枝芽生长势强弱的原因和修剪反应，并依据其一般规律，通过修剪技术来控制和调节枝、芽的生长势。例如，要保持中心干健壮和较强的生长势，应选择直立的枝条作为中心干的延长枝；为了加强弱枝的生长势，可抬高该枝的角度，在壮枝、壮芽处回缩，从而促进其生长；在控制枝条旺长以延缓其生长势时，可压低枝、芽空间位置，或加大枝条的开张角度。

　　不同树种、品种之间，其顶端优势的表现程度也不相同。例如，杏树的顶端优势比李树强，如果幼树期间对杏树顶端优势控制不力，树体就会旺长，使其上强下弱，推迟结果年限。同一树种的不同品种间顶端优势的表现也不一样，如凯特杏的顶端优势比早金蜜杏强，若不好好控制，凯特杏易抱头生长，使树体上强下弱。此外，4年生枝的下部小枝易早衰或干枯，即形成"光腿"枝。因此，在杏品种的修剪中，要注意及时控制竞争开张骨干枝的角度，压平辅养枝，并结合去强留弱的方法（用短截1年生枝）培养枝组。

　　在角度大的枝条上，先端优势有时表现为背上优势。因此，辅养枝被压平后，易呈拱背状，并在中部背上发生大量的直立旺枝。如凯特杏，其背上优势就很明显，易发生大量旺枝，但其外围枝生长不理想。在整形修剪中，要熟悉不同树种、品种的顶端优势及其具体表现，以便更有效地调节各类枝条的生长。

　　在整形修剪中，根据果树的这个特性，就可以有目的地利用和控制枝条的顶端优势，以促进果树生长或结果，如幼树时期为了加速扩大树冠，要用强枝壮芽和角度合适的枝条作为各级骨干枝的延长枝。针对幼树顶端优势强、容易旺长的特点，在搭好骨架的同时，适当对其进行轻剪，才有利于幼树早结果、早丰产。如某一个枝条生长过旺，影响下部枝条形成花芽和坐果时，可通过拉、压、撑的方法改变枝条角度，抑制其顶端优势，从而促使下部枝条萌发中、短果枝开花结果。此外，利用疏枝或刻伤，也可起到抑制顶端优势，促进枝条后部生长的作用(图2-18)。

图2-18　果枝缓放后的结果状态

(四) 枝条特征

1. **枝条类型**　骨干枝一般是多年生枝，主要起到构成和支撑树体骨架的作用；同时，还具有输导和储藏水分、养分等功能。按其生长的位置和顺序可分为主枝、侧枝和结果枝组。由主干发出的主要枝条称主枝；由主枝向旁侧发出的主要枝条称为侧枝；在主枝和侧枝上形成若干个彼此独立的单位枝，这些单位枝既有各种类型的结果枝，又有长势不一的发育枝，而被统称为结果枝组。当年生枝条称新梢或新枝，尚未木质化的枝，称为嫩梢或嫩枝；一年中不同季节萌发的枝条，可分为春梢、夏梢和秋梢。

(1) 营养枝　以营养生长为主的枝条，包括发育枝、徒长枝和针刺枝。

①发育枝　发育枝生长旺盛，枝芽充实饱满。其主要功能：

一是培养骨干枝，构成树体的骨架结构；二是形成花芽，甚至可以结果（图2-19）。

②徒长枝 徒长枝是树冠内多年生骨干枝上萌发出来的垂直生长、枝芽组织不充实、节间长、生长过旺的枝条。徒长枝通常是因潜伏芽受某种刺激萌发而成（如重修剪）。当骨干枝上缺枝时可以培养它填补空缺（图2-20）。

图2-19 营养枝

③针刺枝 针刺枝通常是在1年生枝修剪后基部形成，其上的枝芽组织非常不充实，通常情况下在形成的第二年就干枯死亡，寿命很短（图2-21）。

（2）结果枝 结果枝是以结果为主，其上着生花芽和果实的枝条（图2-22，图2-23）。结果枝包括徒长性果枝、长果枝、中果枝、短果枝和花束状果枝。

①徒长性果枝 长度为60厘米以上的果

图2-20 徒长枝 图2-21 针刺枝

枝为徒长性果枝（图2-24）。一般情况下其上有副梢，主梢上花芽质量差，结果枝基本上都在副梢上。可用它培养大、中型结果枝组。

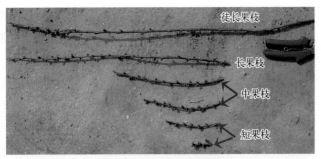

图 2-22　杏不同类型果枝

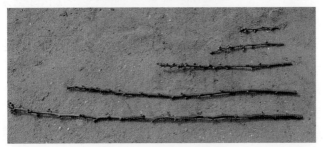

图 2-23　李不同类型果枝

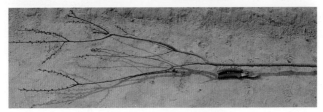

图 2-24　杏徒长性果枝

②长果枝　长度为 30 ～ 60 厘米的果枝为长果枝。一般情况下，长果枝的花芽质量依然较差，且坐果率低。但个别品种除外，如串枝红品种的长果枝花芽质量就较好，结果能力也很强。长果枝上叶芽萌发后可以形成短果枝和花束状果枝。

③中果枝　长度为 15 ～ 30 厘米的果枝为中果枝。其上的花芽质量明显较长果枝好，不仅坐果能力增强，而且果枝中部多为

复花芽。中果枝上叶芽萌发后可以形成短果枝或花束状果枝，并能保持连续结果。

④短果枝　长度为5～15厘米的果枝为短果枝。短果枝是杏树的主要结果枝类型。短果枝枝条充实，其上花芽质量好，坐果能力强。短果枝上叶芽萌发后可以继续形成短果枝或花束状果枝，保持连续结果。但是如果短果枝着生的部位不佳，自然情况下4～5年后，其结果能力减弱。

⑤花束状果枝　长度为5厘米以下的果枝为花束状果枝（图2-25，图2-26）。花束状果枝节间短，其上花芽密集，花芽质量好，坐果能力强。花束状果枝通常在杏树进入盛果期后才能形成，在老树上花束状果枝比例尤其高。着光充实的花束状果枝寿命可达10年以上，着生部位不佳的花束状果枝3～4年后就可能干枯死亡。

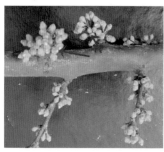
图2-25　李花束状果枝

图2-26　杏花束状果枝

2. 枝条萌芽率　萌芽率是指枝条上萌发的芽占总芽数的百分率，它代表枝条上芽的萌发能力，影响着枝量增加速度和结果的早晚。不同树种和品种的萌芽率高低不等，如核果类果树的萌芽率较仁果类果树高，而李的萌芽率又高于杏（图2-27）。不同类型的枝条的萌芽率表现也不同，徒长枝的萌芽率低于长枝，而长枝又低于中枝。不同树龄的果树，其萌芽率表现也不同，幼树萌芽率较低，随着树龄的增长，萌芽率会逐渐提高。一般枝条的角度越开张，其萌芽率越高，但直立枝条的萌芽率一般较低。在修剪中，常应用开张枝条角度、抑制先端优势、环剥、晚剪等措施来提高萌芽率（图2-28）。一些生长延缓剂如烯效唑，也可用来提高萌芽率。

图 2-27　李萌发状况　　图 2-28　竞争枝超过主枝

　　3.枝条成枝率　　枝条抽生长枝的数量表示其成枝的能力，抽生长枝多的，称为成枝率强，反之为弱（图2-29）。成枝率强弱对树冠的形成快慢和结果早晚有很大影响，一般成枝率强的树种、品种容易整形，但结果稍晚；成枝率弱的树种、品种，年生长量较小，生长势比较缓和，成花、结果较早，但选择和培养骨干枝比较困难。成枝率强的品种，长枝比例大，树冠容易因枝量过多而导致通风透光不良，果树内部结果少、产量低；修剪时要注意多疏剪、少短截、少留骨干枝。成枝率弱的品种，长枝比例小，不易培养骨干枝，短截枝的数量应较多，剪截程度应稍重。成枝

图 2-29 李成枝力强

率还与树龄、树势有密切关系，且肥水管理和土壤肥力水平也会影响成枝率的强弱。一般过旺树成枝率强，仅用修剪来调节比较困难，要通过控水、控氮肥来解决。

4. 辅养枝 辅养枝是指着生在中心干的层间和主枝上侧枝之间的大枝。辅养枝的作用是辅养树体，均衡树势，促进结果。在主、侧枝因病虫危害或意外损伤而不能恢复时，可利用着生位置较好的辅养枝，按主、侧枝要求加以培养，来代替原主、侧枝。辅养枝分短期辅养枝和长期辅养枝两类（图 2-30，图 2-31）。

图 2-30 短期辅养枝　　图 2-31　长期辅养枝

（1）**短期辅养枝** 短期辅养枝是在主、侧枝未占满空间时暂时补充空间，可增加结果部位，辅助主、侧枝生长。幼树的结果

部位主要在辅养枝上，所以辅养枝利用是否得当，直接影响幼树的产量。短期辅养枝占据空间较小、年限短，它的主要任务是促进果树整体的生长势和结果，不扩展延伸。

（2）长期辅养枝　长期辅养枝处于骨干枝稀疏并有发展空间的部位。占据空间大，着生年限长，未结果时能辅养生长，加速树冠扩大；结果后既靠它结果又靠它辅助生长，有时还可代替原有的主、侧枝。

辅养枝控制利用的原则：充分利用，及时改造，加强控制，分期处理。辅养枝的作用：辅养树体，早结果、多结果。辅养枝的改造主要是变辅养枝为结果枝组。辅养枝的控制和处理，主要是为骨干枝让路和改善果树通风透光条件，并保持良好的树体结构。

幼树应尽量多留各种辅养枝，多利用辅养枝结果（尤其是下垂辅养枝），并促使其多分生中短枝，尽早形成花芽，有空间的还可扩大。小于6年生的树，主枝上要多留辅养枝，以便日后逐渐变成结果枝组，即先利用它辅助主枝生长，再利用它增加产量。幼树主要靠辅养枝结果，所以要采取压、缓、曲、拿、环刻、环剥等方法，使其早结果、多结果。但随着树龄增加，应限制辅养枝的扩展速度，或将其改造成结果枝组，或将其由大变小为骨干枝让路。

当树冠进一步扩大并进入盛果期时，要加强对辅养枝的控制，并分期处理。一般全树辅养枝上的总枝芽量不能大于骨干枝上的总枝芽量，否则会影响树体通风透光。辅养枝的生长势必须弱于邻近的骨干枝，否则会影响周围骨干枝的生长，造成主辅不分、枝条紊乱、树势不平衡。辅养枝的大小、多少，利用还是控制，取决于其是否影响主、侧枝的生长和通风透光。在不影响骨干枝生长和通风透光的前提下，应尽量利用辅养枝结果。随树龄增大，主、侧枝不断延伸，当辅养枝妨碍主、侧枝生长时，应对其回缩，给主、侧枝让路，或将其逐步去掉。处理辅养枝的原则是影响多少去多少，哪里影响去哪里。辅养枝要通过多结果、不断削减枝量、控制加粗生长等措施逐步去掉，或将其改造成大、中型结果枝组，长期结果。

5. 枝量　果树单株或单位面积上着生 1 年生枝的总量，称为枝量。它反映了树体生长结果的状况。枝量不足时，产量低；枝量过多时，树体养分分散，膛内光照不足，坐果率低，果实质量差，也易出现大小年结果现象。因此，适宜的枝量既可保持树势健壮，又易丰产且果优。幼树开始结果时，每 667 米^2 枝量达到 2 万～4 万条，可获得 500 千克左右的产量；成年果园每 667 米^2 的适宜枝量则为 8 万～12 万条。影响枝量的主要因素是树种与品种的萌芽率、成枝率、栽植密度、土壤肥力和肥水条件，以及修剪的方法和轻重等。栽植密度大、肥水条件好、轻剪的果园，果树枝量增长快，结果早。

除总枝量外，还要注意骨干枝的数量，比较合理的树体结构是骨干枝比较少，而每个骨干枝上着生的枝条比较多。例如，疏散分层形，以 5 个主枝、4～6 个侧枝为宜；密植园也可采用多主枝、不留侧枝的树形。

每个骨干枝上着生的分枝数量对骨干枝的加粗、枝展、延伸范围和生长势有重要影响，在平衡骨干枝之间的生长势时，往往会利用各骨干枝上的留枝量来抑强扶弱。为了使辅养枝早结果，修剪时一般会对其轻剪长放，但留枝过多会使辅养枝加粗过快，甚至其生长势超过骨干枝，从而破坏树体平衡。这是幼树边结果边整形容易出现的问题，此时应控制辅养枝上的枝量，减少强旺枝条和分枝数量，并配合压低辅养枝角度等措施加以控制。

6. 枝类组成　果树的不同长短枝条数量的比例，称为枝类组成，一般以长、中、短枝和叶丛枝占枝条总量的百分比表示。枝条的长短，反映了这一枝条生长期的长短，如短枝的生长期仅15 ~ 20 天，而长枝的生长期可以延续到秋季。从全树来看，长枝比例高，反映果树生长势强，枝量增加快，但营养消耗过多，积累较少，往往结果少，质量差。不同树种、品种的生长结果习性不同，进入结果期所需要的枝类组成也不同。例如，李子的欧洲品种群以中、长果枝结果为主，其中、长果枝坐果率高，而且生长健壮，翌年花芽充足；而澳李品种长果枝坐果率低，中、短枝比例高时才能丰产且果优。调整枝类组成是实现幼树早结果、早丰产以及长期高产、稳产的重要技术途径。

枝条长、短的比例受树势的影响，也与修剪有关。总修剪量和短截量较大时，长枝较多；轻剪缓放、多疏少截等修剪方法可以减少长枝的比例，并相应增加中、短枝的数量。

不同类型的果枝结果能力有很大差异。大多数品种不同类型果枝结果能力为：短果枝和花束状果枝 > 中果枝 > 长果枝 > 徒长性果枝。

（五）芽、叶类型

1. **芽** 芽是植物生长点的原始体，芽萌发后会长成新梢或开花结果。叶芽早熟，萌发力强，成枝率弱。一般 1 年生枝缓放以后，除枝条基部几个芽不萌发外，其余大部分叶芽都能萌发，但长成长枝的能力很弱。芽的这种特性与品种、树龄、树势及肥水管理水平有关。杏树的潜伏芽寿命比李树的潜伏芽寿命长，更利于更新复壮。

李树新梢的顶芽为叶芽，叶腋处着生花芽。1 个叶腋间能着生许多芽，最多可达 12 个，成为 1 个芽组（图 2-32，图 2-33）。其中，位于中间的多为叶芽，位于两侧的多为花芽。花芽和叶芽的大小差不多，幼芽均呈卷席状或对折状。花芽的鳞片被有蜡质，赤褐色，有光泽，外形也较饱满，可区别于叶芽。

　　杏树的花芽为纯花芽，着生在各种结果枝节间的基部。杏树芽的着生方式有单生芽和复生芽两种。各节内着生1个芽的为单芽；着生2个或3个芽的为复芽。有时1个花芽和1个叶芽并生，也有中间为叶芽、两侧为花芽的3芽并生（图2-34，图2-35）。一般长果枝的上端以及短果枝各节的花芽为单芽，其他枝的各节多为复芽。单芽和复芽的数量、比例、着生部位与果树品种、营养及光照有关。李树的花量很大，在1个花芽内，可开出2～4朵花。中国李花量较多，欧洲李花量较少，如栽培管理技术水平较高，整形修剪适当，均较易获得丰产。

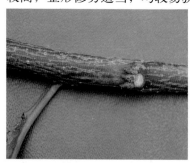

图2-32　李三芽

图2-33　李多芽

图2-34　杏树花芽饱满

图2-35　杏多芽

　　李树、杏树的花为两性花。根据花器官的发育程度，形成了4种类型的花：一是雌蕊长于雄蕊（图2-36a）；二是雌、雄蕊等长(图2-36 b);三是雌蕊短于雄蕊(图2-36 c);四是雌蕊、雄蕊退化(图2-36 d、图2-36 e)。前两种类型的花,可以授粉、受精、坐果,称为完全花。第三种类型的花,有的可以授粉,但不一定能受精,且坐果能力很差;有的在盛花期便开始萎缩,失去受精能力。第四种类型的花,不能授粉、受精,也不能坐果,称为不完全花。有些年份的杏园,有时会出现花开满树并不结果或很少结果的现象,就是后两种花所占比例太大的缘故。

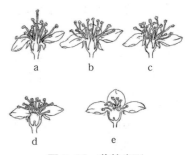

图2-36　花的类型

　　4种不同类型花的多少,与果树品种、树龄、树势、营养及栽培管理水平密切相关。在同一品种中,老龄树、弱树、管理粗放或放任不管的树,退化花的比例相对较大。在同一株树上,枝条的类型不同,退化花的数量多少也不一样,一般是新梢多于长果枝,长果枝多于中果枝,中果枝多于短果枝,短果枝多于花束状果枝。

　　李树、杏树的退化花,多着生在新梢上部,而且上部多于中、下部。主要原因是新梢停止生长晚,营养消耗较多,积累较少,组织不充实,花芽分化不良而形成退化花;而中短果枝,营养生长时间短,停止生长早,营养积累多,枝条组织充实,花芽分化良好,退化少,坐果率高。因此,中、短果枝是果树的主要结果枝。为减少退化花的数量,对果树应在加强土肥水综合管理和病虫害综合防治的基础上,通过修剪增强树体生长势,增加完全花的数量。

　　2. 叶　李树叶、杏树叶外观有明显的区别,李树叶窄长,而杏树的叶片较大,为近圆形、长圆形或阔卵圆形。一般李树叶长

图2-37 李、杏、欧李叶

4～12厘米,宽2～5厘米；杏树叶长5～10厘米，宽4～8厘米(图2-37)。

叶面积指数又称为叶面积系数，是一块地上果树叶片的总面积与占地面积的比值，即叶面积指数＝绿叶总面积／占地面积。叶面积指数是反映果树群体大小的较好的动态指标。在一定的范围内，果树的产量随叶面积指数的增大而提高。但当叶面积增加到一定的限度后，园间郁闭，果树光照不足，光合效率减弱，产量反而下降。果园的最大叶面积指数一般不超过5，能保持在3～4较为理想。盛果期的果园，如果生长期每667米^{2}的枝量能保持在10万～12万条，则叶面积指数基本能达到较为适宜的指标。

（六）花 和 果

李杏的花为子房上位的完全花，由花柄、花托、花萼、花冠、雄蕊、雌蕊等6部分组成。雌蕊的子房位于花被(花萼、花冠)之上。花瓣基本数为5枚，圆形或椭圆形，白色或基部有红色。雌蕊1枚，无毛。雄蕊的数量因品种而异，为15～20枚，花药淡黄色至黄色。萼片5枚，黄绿色或绿色。花柄大多数为绿色。

杏树花芽为纯花芽，即花芽只开花结果，不长枝叶。每个花芽内长1朵花。花芽着生在结果枝的基部，呈圆锥形，比叶芽肥大。

1. 不完全花产生的原因 不完全花有雌性器官不完全和雄性器官不完全两类。

雌性器官不完全表现为雌蕊瘦弱、弯曲、变黑、退化等现象。产生的原因：①树体营养不良。②花芽着生于纤弱枝上，或结果

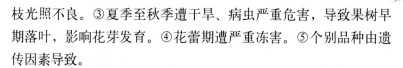

枝光照不良。③夏季至秋季遭干旱、病虫严重危害，导致果树早期落叶，影响花芽发育。④花蕾期遭严重冻害。⑤个别品种由遗传因素导致。

雄性器官不完全表现为花药瘦小、花粉量少、畸形、生活力低、孕性弱等。产生的原因是受遗传因素和环境条件的影响。

2. 开花的因素

(1) 气温　影响开花的主要因素是气温，当然它也受雨水、湿度、病害和树体营养的影响。花期的平均温度要求 9℃ ~ 13℃。花期为 5 ~ 15 天，单花的时期 5 天左右，气温高，开花早。一般情况下，短果枝上的花比长果枝上的花开得早，杏花比李花早（图 2-38）。

(2) 遗传　不同杏树种、生态群和品种开花时期不同，西伯利亚杏比普通杏花期早 2 ~ 3 天。华北生态群杏比欧洲生态群杏品种花期早 2 ~ 3 天。相同地区栽

图 2-38　李坐果状

植不同种和品种杏树出现花期不同的结果，是由其遗传因素所决定的。一般情况下，果树休眠期间所需的低温量越高，其开花期越晚。

(3) 树体休眠所需要的低温量　杏树只有正常进入休眠期并满足该品种所需要的低温量（休眠）后，才能在适宜的环境条件下开始下一阶段的生长发育。在没有满足树体休眠所需要的低温量前，任何外部条件都不可能使其重新生长。李树、杏树的不

同种、品种群和品种自然休眠期的长短是变化的，一般情况下在700～1 500小时。当芽通过了自然休眠后，再因外界条件不适宜而造成的休眠称为被迫休眠。被迫休眠可以通过改变树的环境条件进行解除。

（4）春季的有效积温积累量　通过自然休眠的杏树开花早晚主要取决于温度（有效积温积累量）和植株生理状况。春季杏树花芽开放所需有效积温积累量（简称开花热量值）的大小与杏树的种和品种有关。西伯利亚杏的开花热量值比普通杏低，因此西伯利亚杏比普通杏花期早2～3天。正在休眠和部分经受低温处理的植株，比那些通过了自然休眠的植株需要更多的开花热量值才能开花。当果树完成了自然休眠而又得到了更多的低温处理，则可以减少其开花所需要的开花热量值。

3. 授粉受精的关系　授粉受精的好坏，关系到结果率的高低和产量的多少。受精过程一般需要2天左右，但也会因温度过低或其他不良天气的影响，延长受精的时间。大多数品种自花不实，但也有异花不实的现象。因此，栽植果树时要搭配能够亲和结实的授粉树。

（1）影响授粉受精的因素　①良好的营养状况是杏树坐果率的保障。只有树体有充足的营养储备，才能使花芽分化完全，使花粉生命力强，胚珠寿命延长。树体的营养充足，则花芽分化的质量高，雌雄蕊发育好，花粉管生长快，胚囊寿命长，柱头接受花粉的时间长，并可延长有效的受精时间。有些营养元素会直接影响坐果，如花期喷硼能够促进花粉萌发和花粉管伸长，进而促进坐果率提高。②花期的天气要良好。如果花期多雨，就会冲掉柱头的黏液，影响花粉发芽；空气干燥，相对湿度低于20%时，柱头干缩，也会影响花粉发芽；低温使花粉发芽缓慢，并影响昆虫活动，影响授粉。

中国杏大部分品种均自花不实，同时人工辅助授粉结实率明显较自然授粉结实率高。品种间组合授粉结实率因组合不同差异很大，有的品种间组合授粉相互都不结实（互不亲和）；有的品种间正交能够结实，而反交则不亲和（部分亲和）；有的品种间正、反交授粉结实率都很高（完全亲和）。互不亲和与部分亲和的杏品种同园栽培时，必须配置授粉亲和的授粉树才能丰产。

正常情况下，被授花粉在柱头上至少需要48小时才能够萌发。与其他果树树种相比，杏胚珠败育率很高，而且随着开花时间的延长，胚珠败育程度加大。不利的授粉受精条件（如花期遇晚霜）会影响杏树坐果。

（2）落花落果规律　李树、杏树花量很大，虽然不同品种结实率不同，但是所有品种从开花到果实成熟都有大量花果脱落。一般情况下，70% ~ 90%的花果均在开花至采收这段时间落掉。

杏树有3次落花落果高峰，第一次落花落果高峰是从盛花开始到盛花后7天，主要集中在盛花后3 ~ 4天。原因是杏花本身发育不完全，根本不能受精，从而造成落花。因此，若采取综合栽培措施，提高果树完全花比例，则可减少第一次落花落果量。第二次落花落果高峰是盛花后8 ~ 20天，多集中在盛花后9 ~ 11天。此时果实正脱萼，子房开始膨大，未膨大者在此期内陆续落掉（图2-39）。造成这次落果原因，主要是授粉受精不良。创造一个良好的授粉受精环境，尤其是合理的授粉树配置，能有效减少此次落果。第三

图2-39　幼果脱落

次落花落果高峰，在盛花后 20～40 天，高峰期在盛花后 30 天左右，这次落果期内落果数量占总落果数量的比例较小，因此峰值也低。第三次落果原因主要是由树体营养不良和营养分配不合理造成的。

4. 果　实

（1）果实构造　果实由子房发育形成。子房外壁形成外果皮，子房中壁发育成柔软多汁的中果皮，子房内壁形成木质化的内果皮（果核）。黑李的果皮色泽有墨绿色、黑紫色等（美国李还有桃红色、红色等果皮颜色）。果皮外有果粉。杏果以黄色为主、红色为辅，果皮外有茸毛而无果粉（李光杏、油杏无茸毛）。

（2）落花落果的原因　与品种特性、气候条件、树体营养、病虫害等有关。生理落果分为 3 个高峰期：第一次是刚开花时落果。其原因是花器发育不完全；或是干旱、多雨、树势衰弱等因素的影响。表现为花后带花柄脱落。第二次是在第一次落果后 15 天左右，幼果似绿豆粒大小时开始，直至硬核。落果原因是受精不良或子房发育障碍，影响果实内源激素产生，形成胚乳败育。第三次落果是在果实发育较大时，又称"六月落果"。落果原因是果实发育过程中缺乏营养而死胚。如结果过多，果间营养竞争太强；或枝叶旺，枝果竞争太激烈；或光照不足、土壤水分过多等。此后，再有落果现象，就是采前落果，也称后期落果。落果是由果树品种、树体结果量、树体营养等造成的。

李果实的发育呈 S 曲线形，有 2 个速生期，中间有 1 个缓慢生长期。第一期是落花后至 5 月上中旬，幼果的体积和重量都迅速增长。第二期是 5 月中下旬，因种胚迅速生长，果实增长缓慢，内果皮（种核）从先端开始逐渐木质化。此期即为硬核期。第三期从 5 月底开始至果实成熟。果实生长快速，即果实膨大期。果肉增重最快。杏树果实生长发育动态为"双 S 形"曲线，有明显的第一次速长期、硬核期，以及第二次速长期。

5. 花芽分化和物候期 了解李树、杏树的花芽分化和物候期，是为了更好地整形修剪而获得优质丰产的果实。

李杏成花容易。新梢顶芽一旦形成，就开始了花芽的形态分化。花芽分化的开始时期与果树品种、立地条件和所处的果树气候状况等有关。如温度较高、日照较长、雨量较少等气候条件下，花芽分化就提前。分化开始的花芽，李树有 1 ~ 3 个生长点，所以 1 个花芽内能分化出 1 ~ 3 朵花蕾；而杏树只有 1 个生长点，所以 1 个花芽内只能分化出 1 朵花蕾。李树、杏树花芽分化的各个时期大致如下：①分化前期(又称未分化期)，6 月 5 日以前；②分化初期，6 月 7 日至 8 月 8 日；③花蕾分化期，6 月 16 日至 8 月 29 日；④萼片分化期，7 月 15 日至 9 月 5 日；⑤花瓣分化期，8 月 7 日至 9 月 12 日；⑥雄蕊分化期，8 月 18 日至 10 月 11 日；⑦雌蕊分化期，9 月 10 日至 10 月 26 日。整个分化过程约需 5 个月。花芽分化，因各年的气候条件而有不同，分化盛期集中在 6 ~ 9 月份。

李树、杏树的花芽分化有以下的特点：①开始早，延续时间长，各个时期都有重叠；②花束状结果枝与短结果枝上的芽，进入分化期早，中、长结果枝因生长旺盛，停止生长较迟，所以花芽分化时期晚、不整齐，而且后期分化速度快，至落叶前都能发育到雌蕊分化期；③李树长结果枝和徒长性结果枝上分化的花芽，芽内双花数量多。

花芽质量主要体现在开花时的花内是否已经形成了成熟的卵和精子。花芽雌蕊与雄蕊的分化十分重要，通常我们把雌蕊与雄蕊等高或雌蕊显著高于雄蕊称为完全花，雌蕊低于雄蕊或雌蕊退化者称为不完全花。完全花能够正常结果，而不完全花不能正常结果。杏花发育程度除与品种有关外，不同年份间差异也很大，同时，与树体枝条类型比例也有关。营养生长过旺，徒长枝或长果枝比例高，则完全花比例低。反之，花束状果枝和短果枝在树体总枝量中比例高，则完全花百分率高。实际上还存在着一部分形态上发育健全而生理功能发育并不健全的花，即真正的完全花比形态上的完全花比例低，这些生理上发育不完全的花不能坐果。杏花芽发育不完全是杏结实率低的一个重要原因。

三、李杏生物学特性与整形修剪

(一)对外界环境条件的要求

李树、杏树对外界环境条件的适应性极强,要求不严。就我国而言,李树除高海拔的青藏高原和低纬度的海南省外都有栽培;杏从北纬23°~53°皆有分布,其主要产区的年平均温度为−5℃~22℃,≥10℃以上的年积温在1 000℃~6 500℃,年降水量为50~1 600毫米,日照时数为1 800~3 400小时,无霜期在100~350天(表3−1)。由此可见,杏树不但能在高纬度、气候寒冷、干旱的地区开花结果,而且也能在纬度较低、气候温暖、湿润多雨的地区生长发育。

表3-1 我国李杏产区的气候条件

产区	纬度 (°)	年平均温度(℃)	1月份平均温度(℃)	7月份平均温度(℃)	≥10℃以上积温(℃)	日照时数(小时)	无霜期(天)	降水量(毫米)
东北	37~53	0~8	−25~−10	20~25	2 000~3 000	2 400~3 200	100~180	100~800
西北	32~49	−5~14	−15~0	15~25	1 000~3 500	1 800~3 400	100~200	50~1 000
华北	32~42	10~16	0~10	22~27	3 000~4 000	2 400~2 800	150~220	500~800
华东	23~35	13~22	0~15	27.5~30	4 500~6 500	1 800~2 400	200~350	800~1 700

1.温度 李树、杏树对温度的适应范围较广。李树对温度的要求因种类和品种而有差异,中国李对温度的适应性强,在北方冬季低温地带和南方炎热地区均可栽培。欧洲李原产地中海南部

地区,适宜在温暖地区栽培,抗旱力不如中国李。美洲李比较耐寒,在我国东北地区栽培较多,不加特殊保护即可越冬。

李树、杏树在休眠期内能耐 −30℃ 的低温,生长在东北的品种群抗寒能力最强,在 −40℃ 或更低的温度下也能安全越冬。在生长季中,杏树又是耐高温的果树,在新疆地区夏季平均最高温度 36.3℃,绝对最高温度达 43.9℃ 的条件下,杏树仍能正常生长,且果实含糖量很高。

早春刚一回暖,李树、杏树即开始萌动,地温达 4℃ ~ 5℃ 时新根开始生长,其生长季节的适宜温度为 20℃ ~ 30℃。其中,李树的开花最适温度为 12℃ ~ 16℃,杏树的盛花期适宜的平均温度为 10℃ 左右。李树、杏树花期容易受低温冻害,不同发育期其低温受害部位也不相同,花蕾期为 −5℃,开花期为 −2.7℃,幼果期为 −1.1℃。杏树开花较早,花期容易受霜冻危害,建园时要注意考虑地势和坡向(图 3−1)。

图 3−1　冰雹危害果实状

杏树的花和幼果对温度非常敏感,仁用杏尤甚。一般而言,−10℃ ~ −15℃ 可使开始萌动的花芽冻死。−2℃ ~ −3℃ 能使花器官受冻,−1℃ 可冻伤幼果。花各器官的抗冻能力依次为:未发芽的花粉＞花萼＞柱头＞花瓣＞花丝＞发芽的花粉。花期的阴雨、阴冷和旱风会妨碍昆虫传粉,造成授粉不良而减产或绝产。因此花期的低温和其他不良的气候条件是李树、杏树减产的重要因素(图 3−2)。

2. **光照** 李树、杏树是比较喜光的树种，在水分条件好、土层比较深厚、光照不太强烈的地方，均能生长良好；但果实却要求充足的光照条件，阳坡外围向阳

图 3-2　枝条冻害

的果实着色早、品质佳。在生长季节，阳光充足，空气比较干燥，则花芽分化良好，新梢发育健壮，病虫害少，果实产量高且风味好。光的质量对李树也有很大影响，一般高山上的树比较矮，这与紫外线较强而抑制了树体生长有关。

在光照充足的情况下，树体生长发育良好，光照不足则枝条易徒长，树冠郁闭，内膛枝易枯死，结果部位外移（图 3-3）。光照不足会影响花芽分化，败育花率增多，果面着色差，含糖量较低，果实品质下降。因此，合理的整形修

图 3-3　树体下部光照不足

剪或合理密植，可改善树体通风透光条件，增加树体受光面积，保证树冠内外枝条均能良好生长，减少败育花率。这也是提高李树、杏树产量和果实品质的一项重要措施。

3. **水分** 李树、杏树对水分的要求，因种类和品种不同而有差异。欧洲李和美洲李对空气湿度和土壤湿度要求较高；中国李则要求不高，在干旱和潮湿的地区都能生长。杏树具有很强的抗旱能力，在年降水量 300～600 毫米的地区，即使不灌水也能正常生长和结实。其主要原因是杏树不仅根系强大可以深入土壤深

层吸取水分，而且杏叶片在干旱时可以降低蒸腾强度，具有耐脱水性（图3-4）。

李树是浅根性果树，抗旱性中等，喜潮湿（图3-5）。一年中不同时期的李树对水分的要求也是不相同的。新梢旺盛生长和果实迅速膨大时，需水量最多，对缺水最敏感，因此被称为需水临界期。花期干旱或水分过多，常会引起落花落果。花芽分化期和休眠期则需要适度干旱。果园土壤若能保持田间持水量的50%～60%，树体就能正常生长发育。土壤中水分不足，则会对李树、杏树生长发育产生不良影响（图3-6）。如果在幼果膨大期和枝条迅速生长期缺水，则严重影响果实发育而造成大量落果。在果实膨大期缺水，果实细胞分裂受到限制，体积增长较慢。当土壤绝对含水量为10%～15%时，地上部停止生长，低于7%时则根系停止活动。

图3-4　果树中午萎蔫状

图3-5　灌溉条件好的浅根系

图3-6　土壤久旱遇雨形成裂果

李树、杏树的耐涝性比梨、葡萄等果树差，所以在地下水位高或排水不良的土壤上栽培，或雨水过多、果园积水超过2天，就会引起黄叶、落叶、死根，甚至全株死亡（图3-7）。因此，果

李杏整形修剪技术图解

36

园一定要做好排水防涝工作。空气湿度对树体生长也有很大影响，空气过于干燥，会加强果树蒸腾强度。尤其是冬季天气干旱时，会使枝条，特别是组织不充实的秋梢严重失水而枯死，从而出现抽条现象。

图3-7　果园积水

李树、杏树在年周期生长中，不同时期需水量不同。从开花到枝条第一次停止生长期内，有少量的降雨或灌水，即可保证枝条的正常生长和花芽提前分化。若在此时期的前期干旱，后期有适量的灌水或降雨，就会引起枝条的二次生长，推迟花芽分化期。硬核期是需水的关键时期，直接影响果树当年的产量，此期如果缺水会导致落果，明显降低果实重量。树体在冬季休眠期需水很少，但为了保证根系的良好发育，也需要足够的水分供应，尤其是我国华北、西北地区，冬季干旱多风，蒸发量大，若不浇封冻水，仅冬季的风就能把枝条抽干。树体在早春萌芽前对水分的要求也十分迫切。冬春干旱地区，花芽开始萌动时应立即浇水，最迟不应晚于开花前10天，否则会给坐果和新梢生长带来不良影响。

4. 土壤　李树、杏树对土壤要求不十分严格。中国李对土壤适应性超过欧洲李和美洲李。无论是北方的黑钙土、南方的红壤土，还是西北高原的黄土，均适合李树生长。

李树、杏树对土壤的要求虽然不严，但不同的土壤类型对根系和地上部还是会产生不同的影响。李树的大量吸收根分布较浅，栽植时以土层深厚的肥沃土或排水良好的沙壤土为最好。表土浅且过于干燥的沙质土栽培李时，不但生长不良，而且果实近成熟时易发生日灼病，因此李园土壤宜土层厚而肥沃。园地瘠薄时，应先行深翻，并多施有机肥。欧洲李喜肥沃的黏质土，不适合沙土。美洲李从黏质土到轻沙质土都可适应。

新建果园应避开核果类迹地，即不要在种过桃、杏、李、樱桃的地方建园，以免再植病的发生。若实在避不开，应对园地进行土壤深翻，清除残根，客土晾坑，增施有机肥。有条件的果园应进行定植穴或定植沟的土壤消毒，绝不可在原定植穴栽植。消毒方法：边往定植穴或沟内填土边喷 37% 甲醛溶液。喷后用地膜覆盖，以杀死土壤中的线虫、真菌、细菌、放线菌等。或每平方米土壤放入 70% 溴甲烷 100 克，也可起到土壤消毒的作用。

5．风

（1）风害　　开花期间，微风能散布芬芳的花香气，有利于招引昆虫传粉；还可以吹走多余的湿气，防止地面冷空气的集结，从而减轻果园辐射霜冻的危害。但花期大风不仅影响昆虫传粉，还会将花瓣、柱头吹干，从而造成授粉受精不良，降低产量。幼果期如遇大风，幼果果面会受到叶片或枝条的摩擦，果面出现摩擦痕迹，待果实成熟时会影响果实的外观（图 3-8，图 3-9）。当风速大于每秒钟 10 米时，会导致枝干折断、叶片破裂和果实脱落，同时也能传播病原体，造成病害蔓延。在多风地区，应在果

图 3-8　叶片擦痕

图 3-9　果柄摩擦果实

园的周围营造防风林带。
果树整形修剪应考虑当
地风害的情况。春季多
同一方向大风时，常能
吹弯树干，使树冠偏斜，
整形修剪时应注意开张
迎风面的主枝角度（图

图 3-10 风吹斜枝干

3-10）。在沙地果园且多大风时，整形时要注意降低树干、树冠
高度。沿海滩涂、山岭上部多风，除采用低干、矮冠外，还要对
结果树采取支撑、吊枝等手段防止风害损失。在低洼平地，树干
宜稍高些，下层枝叶也不要接近或铺到地面，而是留出一定"冠
下空间"，使冠下通风透光，地面见光、见干，忌长期阴湿。

（2）**防护林的设置** 营造防护林可降低风速，减少风害，调
节温、湿度，减轻和避免花期冻害，提高坐果率。在没有建立农
田防风林网的地区建园时，应在建园之前或期间营造防风林（图

图 3-11 防风林

3-11）。防风林带的有
效防风距离为树高的
25～35倍，由主、副
林带相互交织成网格。
主林带是以防护主要有
害风为主，其走向垂直
于主要有害风的方向（如
果条件不许可，交角在

45°以上也可）。副林带则以防护来自其他方向的风为主，其走向
与主林带垂直。

林带的树种应选择适合当地生长、与果树没有共同病虫害、
生长迅速的树种，同时防风效果要好，且具有一定的经济价值。

林带由主要树种、辅助树种及灌木组成。主要树种应选用速生高大的深根性乔木，如杨树、洋槐、水杉、榆、泡桐、沙枣、梧桐等。辅助树种可选用柳、枫、白蜡以及部分果树和可供砧木用的树种，如山楂、山丁子、海棠、杜梨、桑等。灌木可用紫穗槐、灌木柳、沙棘、白蜡条、桑条、柽柳等。结合护果的作用，林带树种也可用枸杞、花椒、皂角、玫瑰花等。

林带的宽度，主林带以不超过 20 米、副林带不超过 10 米为宜。其株行距，乔木为 1.5 米 ×2 米，灌木为 0.5 ~ 0.75 米 ×2 米，树龄大时可适当间伐。林带距果树的距离，北面应不小于 20 ~ 30 米，南面为 10 ~ 15 米。为了不影响果树生长，应在果树和林带之间挖一条宽 60 厘米、深 80 厘米的断根沟（可与排水沟结合用）。

大型李树、杏树园主林带间的距离一般为 300 ~ 400 米，若气候恶劣也可在 200 米左右。副林带间的距离一般为 500 ~ 800 米。主林带一般由 5 ~ 8 行组成，副林带为 2 ~ 4 行。栽植株行距，乔木为 1 ~ 1.5 米 ×2 ~ 2.5 米，灌木为 1 米 ×2 米。面积较小的李园、杏园，只在主风向上营造防风林，或将边行的杏树行株距加密即可起到防风林的作用。

（二）李树、杏树的物候期

1. 生长期　自春季萌芽到秋末落叶，果树营养生长和生殖生长交互进行，这一时期有 200 ~ 240 天。李树、杏树的营养生长期开始较早，物候期因地区和品种而异。

2. 休眠期　休眠期可分为自然休眠期和被迫休眠期两个阶段。自然休眠期是果树的特性，必须在 7.2℃ 以下的环境中经过 700 ~ 1000 小时，才能解除自然休眠，否则花芽发育不良，翌年发芽迟缓。树体的自然休眠期在 12 月下旬至翌年 1 月中旬。被迫休眠是指通过自然休眠后，已经完成了生长准备，但因外界条件尚不适宜，树体不能萌发而继续呈现休眠状态。李树、杏树在被迫休眠中遇到回暖天气后，则树液开始流动，芽开始膨大，此时若出现寒流，那么树体容易遭受冻害（绝大多数的花芽冻害都出现在这种情况下）。

李树、杏树的物候期因气候条件、品种特性、地理位置及栽培技术的影响而变化很大，特别是气温，对李树、杏树物候期的影响最明显。由于我国李树、杏树分布的地域辽阔、地形复杂、品种繁多、南北方气温差异大，所以各生产区李树、杏树物候期各不相同，南方浙江、广西、云南等地的开花期比北方黑龙江省的开花期可提早约 70 天，落叶期可延迟 40 天左右，整个树体营养期（从萌芽到落叶）可延长近 100 天。同一品种果实的成熟期南方也早于北方。在同一地区不同的海拔高度，开花期也会有 10 ~ 20 天的差异。

从我国主要李树、杏树产区的物候期看，一般生殖生长从 2 月底至 4 月中旬花芽萌动，3 月底至 4 月中旬开花，5 月中旬至 9 月下旬果实成熟、采收，持续时间为 60 ~ 150 天。营养生长从 3 月中旬至 4 月初叶芽开始萌动，继而展叶抽梢，到 10 月下旬至 11 月下旬落叶，需 190 ~ 300 天。

（三）李树、杏树的生命周期

1. **幼树期**　从苗木栽植到第一次开花结果的这段时期，称为幼树期，也称生长期（图 3-12）。嫁接树的年龄已经度过了生命周期的幼龄阶段，只要有适宜的环境条件，就可以随时开花结果。幼树期与其他时期相比具有生长强度大，一年多次抽枝（即枝条生长旺盛且发枝力强），当年即可成形的特性。因此，这一时期的栽培措施至关重要，应加强土肥水管理、病虫防治、整形修剪

图 3-12 幼 树 期

等措施，不但要使幼树健壮生长，而且还要培育出合理的树体结构，此期一般为 2～3 年。

2. 结果初期　果树从开始结果到大量结果的时期，称为结果初期（图 3-13）。果树此期生长仍很旺盛，树冠扩大迅速，分枝量增加，树体结构初步形成，营养生长占优势。此期的主要任务是在保证树体健壮生长的前提下，尽快提高其产量；修剪上需注意培养和安排好结果枝，各种枝条合理搭配，培养良好树形；还要改善通风透光条件，促进花芽分化，提早开花结果。

3. 盛果期　从开始大量结果到树体衰老以前的这段时期，称为盛果期（图 3-14）。此期一般为 20～30 年，有的可达百余年，是树体结果的黄金时代。树冠达到最大体积，单株达到最高产量，即进入盛果期。这一时期骨干枝离心生长缓慢，甚至停止；树冠不再扩大，果树营养生长与生殖生长基本达到相对平衡；新梢生长势逐年减弱，能形成大量的结果枝和花芽；骨干枝后部大枝因光照条件不良，其上的结果枝易衰老枯死，造成内膛光秃，结果部位外移。这一时期果树产量最高，但容易因结果过量影响树势和翌年结果。此期果树大量营养供给果实生长，很易使营养物质的供应、运转、分配与积累平衡关系失调，出现大小年现象。栽培上应采取一切行之有效的技术措施，增加树体营养，及时更新枝组，使树体合理负载，最大限度地提高果树产量，增进果实品质，延长结果时间，延缓衰老期的到来。

4．**衰老期**　盛果期过后，果树生长逐渐衰弱，结果枝死亡数量增多；骨干枝光秃部位相继发生徒长枝，形成更新枝；树冠内膛枝组死亡，空缺部位大增，树冠体积随之缩小（图 3-15）。

这一时期应采取恢复树势的技术措施，集中营养促进树体新陈代谢，尽可能保持较高产量。衰老期的前期要加强肥水管理，多施有机肥，尤其要注意病虫害的防治。同时，要尽量复壮修剪及更新大枝，果树 2 ～ 3 年即可恢复树体，并能保持一定的产量。

图 3-13　结果初期

图 3-14　盛 果 期

图 3-15　衰 老 期

四、整形修剪的原则和依据

（一）整形修剪的原则

整形修剪的基本原则是：因树修剪，随枝做形；统筹兼顾，长短结合；以轻为主，轻重结合。

1. 因树修剪，随枝做形　指在整形时既要有树形要求，又要根据不同单株的不同情况灵活掌握，随枝就势，因势利导，诱导成形；做到有形不死，活而不乱。对于某一树形的要求，着重掌握树体高度、树冠大小、总的骨干枝数量、分布与从属关系、枝类的比例等。不同单株的修剪不必强求一致，避免死搬硬套、机械做形，修剪过重反而会抑制果树生长、延迟结果。

2. 统筹兼顾，长短结合　指结果与长树要兼顾，对树体整形要从长计议，不要急于求成，既要有长计划，又要有短安排。幼树既要整好形，又要有利其早结果，做到生长、结果两不误。如果只强调整形而忽视早结果，则结果必定是既不利于经济效益的提高，也不利于缓和树势。如果片面强调早丰产、多结果，就会造成树体结构不良、骨架不牢，不利于以后产量的提高。盛果期也要兼顾树体生长和结果，在高产、稳产的基础上，加强果树营养生长，延长盛果期，并注意改善果实的品质。

3. 以轻为主，轻重结合　指尽可能降低修剪量，减少修剪对果树整体的抑制作用。尤其是幼树，适当轻剪、多留枝，有利于其生长、扩大树冠、缓和树势，可达到早结果、早丰产的目的。修剪量过轻不利于整形，为了建造树体骨架，必须按整形要求对各级骨干枝进行修剪，以助其生长和控制结果，也只有这样才能培养出牢固的骨架和各类枝组。对辅养枝要轻剪长放，促使其多形成花芽并提早结果。应该指出，轻剪必须在一定的生长势基础上进行。1～2年生幼树，要在促其发生足够数量的强旺枝条的前提下，才能轻剪缓放。只有这样的轻剪长放，才能发生大量枝条，达到增加枝量的目的。树势过弱、长枝数量很少时的轻剪缓放，不但影响骨干枝的培养，而且枝条数量也不会迅速增加，反而影响早结果。因此，定植后1～2年应多短截，促发长枝，为轻剪缓放创造条件，这也是早结果的关键措施。

（二）整形修剪的依据

整形修剪应以果树的树种和品种特性、树龄和长势、修剪反应、自然条件和栽培管理水平等基本因素为依据，进行有针对性的整形修剪。果树的不同品种的生物学特性差异很大，应根据树种、品种特性，采取不同的整形修剪方法，做到因树种、因品种修剪。同一种果树不同的树龄时期，其生长和结果的表现有很大差异。幼树一般长势旺，长枝比例高，不易形成花芽，结果很少；这时要在整形的基础上，轻剪多留枝，促其迅速扩大树冠，增加枝量。枝量达到一定程度时，要促使枝类比例朝着有利于结果的方向转化，即所谓枝类转换，以便促进花芽形成，及早进入结果期。随着大量结果，果树长势渐缓，逐渐趋于中庸，中、短枝比例逐渐增多，容易形成花芽，这也是一生中结果最多的时期。这时，要注意枝条交替结果，以保证果树花芽连年形成；要搞好疏花疏果并改善内膛光照条件，以提高果实的质量；要尽可能保持中庸树势，延长结果年限。盛果期以后，果树生长缓慢，内膛枝条减少，结果部位外移，产量和质量下降，表明果树已进入衰老期。这时，要及时采取局部更新的修剪措施，抑前促后，减少外围新梢，改善内膛光照，并利用内膛较长枝更新；在树势严重衰弱时，更新的部位应该更低、程度应该更重。

不同树种、品种及不同枝条类型的修剪反应，是合理修剪的重要依据，也是评价修剪好坏的重要标准。修剪反应多表现在两个方面：一是局部反应，如剪口下萌芽、抽枝、结果和形成花芽的情况；二是整体反应，如总生长量、新梢长度与充实程度、花芽形成总量、树冠枝条密度和分枝角度等。自然条件和管理水平对果树生长发育有很大影响，应加以区别，采用适当的树形和修剪方法。土壤瘠薄和肥水不足的果园，果树树势弱、植株矮小，宜采用小冠、矮干的树形，修剪应稍重，多短截而少疏剪，并注意复壮树势。相反，土壤肥沃、肥水充足的果园，果树生长旺盛、枝量多、树冠大，定干可稍高、树冠可稍大，后期可"落头开心"，修剪要轻长放，多留果，采用"以果压冠"措施控制树势。

此外，栽植方式与密度不同，整形修剪也应有所变化。例如，密植园树冠要小，树体要矮，骨干枝要少。

（三）整形修剪对树体的影响

修剪作用的实质是通过调节果树与环境的关系，保持各器官的数量与质量，调节果树对养分的吸收，营养物质的制造、分配和利用等，从而解决果树生长与结果的矛盾，达到连年丰产的目的。因此，修剪必须符合果树本身的生长结果习性，并在良好的土肥水管理基础上进行。

修剪可以调节树体各部分、各器官之间的平衡关系。一方面，由于修剪是在不减少根系的前提下，使树冠的枝梢有所减少，因而能促进留下的枝梢旺盛生长，提高光合效率。另一方面，由于修剪使叶面积减少，总生长量减少，光合产物和供给根系的养分也会相应减少，从而使根生长受到抑制，反过来影响地上部的生长。因此，修剪在总体上是有抑制作用的，刺激生长的作用只能表现在局部，这表现了修剪对果树地上部和地下部动态平衡关系的调节作用。

果树的同类器官也存在着矛盾并互相竞争，需要通过修剪加以调整。对枝条，要在保持一定数量的前提下，同时使长、中、短枝保持一定的比例。长枝过多时，生长期长，用于生长消耗的营养物质过多，营养积累不够，影响短枝生长和花芽分化；长枝过少时，总的营养生长势变弱，也不利于营养物质的生产和积累，不利于果树生长和结果。对短枝，首先应保持优良短枝的数量，同时疏除质量过差的短枝，使一般短枝向优良短枝转化。

修剪具有双重作用。修剪对果树有促进枝条生长、多分枝、长旺枝的局部促进作用，而对果树整体则具有减少枝叶量、减少生长量的抑制作用。这种促进作用和抑制作用同时表现在树上的现象，称为修剪的双重作用。枝条短截能减少枝、芽的数量，相对改善留下的枝芽的营养状况，使留下的芽萌发旺枝，增强局部的生长势；但减少了枝、芽的数量，被短截枝条的总生长量也会相对减少。这双重作用往往表现在对同类枝条处理的差异上。例如，选作骨干枝的1年生枝，在中部饱满芽处短截，剪口会发出健壮的新梢，表现出修剪的促进作用；但其总枝叶量因短截而减少，以致枝加粗生长缓慢，其粗度显著小于不短截的辅养枝，从而表现出修剪的抑制作用。

五、整形修剪的手法与作用

（一）抹　芽

萌芽或疏枝是指抹掉或疏除位置不当及轮生枝、竞争枝、对生枝、拉枝后形成的背上芽、疏枝剪口处不需要的嫩芽或新梢等。对于冬剪时剪锯口处往往连萌生旺枝，形成年年去、年年发的情况，可用夏季疏梢的方法解决问题（图5-1至图5-5）。

图 5-1　嫁接品种抹芽前　　　图 5-2　嫁接品种抹芽后

图 5-3　剪口芽过段时间才抹去　　图 5-4　剪口芽及时抹去

图 5-5　抹芽晚易造成枝条伤害

（二）摘心和剪梢

摘心指在生长季节将新梢的先端部分摘去或剪除，主要应用于幼树和结果初期的果树。摘心和剪梢后，枝条暂时停长 10 ～ 15 天，叶片大而厚。摘心和剪梢可控制枝梢旺长，促发二次枝，加速骨干枝或枝组的培养，促生花芽，提高坐果率（图 5-6，图 5-7）。摘心和剪梢的时间、方法视目的而定，如以扩大树冠、增加分枝、培养骨干枝为目的，则可在新梢长到所需长度时进行

图 5-6　摘　心

图 5-7　摘心后萌发二次枝培养结果枝组

（图5-8，图5-9）。树势旺时，1年内可摘心2次，但不要晚于7月下旬，否则，发出的新梢多不充实，易抽干。如果以抑制新梢旺长、促进分枝、加速枝组的培养、促进花芽形成为目的，则可在新梢长到10～15厘米时摘心，二次生长旺盛时可连续摘心，最后在立秋后全部摘心。摘心适宜成枝率弱的品种。摘心可以削除顶端优势，促进其他枝梢的生长；经控制，还能使摘心的梢发生副梢，以削弱枝梢的生长势，增加中、短枝数量；有些树种、品种还可以提早形成花芽。秋季停止生长晚的秋梢，易引起冻害和抽条，晚秋摘心可以减少枝条后期生长，有利于枝条成熟和安全越冬。

图5-8　背上新梢剪去前

图5-9　背上新梢剪去后

（三）扭　梢

传统的修剪方法对于控制枝条徒长的手法多是疏枝、摘心和回缩。但从长期的生产实践看，这样做存在着一定的弱点。果枝修剪回缩过重势必因枝量的减少造成叶面积减少，严重削弱树势，减少结果部位，且易刺激新梢的再生长，树势不易稳定。而采用扭梢则会很好地弥补以上修剪的不足。多年来的实践证明，扭梢在生产中应用效果良好（图5-10，图5-11）。

李树、杏树的扭梢在冬季和生长季节都可进行，冬季扭梢可用铁丝辅助进行；处理生长过强的辅养枝和强旺枝组时，要避开

图 5-10　扭　梢

图 5-11　扭梢效果

低温，以免冻伤。夏季扭梢要在 5 月下旬至 6 月上旬进行，即新梢进入旺盛生长阶段，此时基部已开始木质化而二次枝尚未生长；用于处理徒长性的新梢时，可将其转化为良好的结果枝。6 月中下旬，正值二次枝旺盛生长及花芽开始分化阶段，对徒长枝进行扭梢处理，能促使二次枝转化为结果枝并可使整个徒长枝生长缓和、开展，成为良好的侧枝和结果枝组。

扭梢关键是适时和技巧。适时即掌握扭梢时期在枝梢的木质化程度不高且不易扭断时进行。杏树扭梢与苹果扭枝基本相似，不同的是杏树的枝条比苹果枝条长，可通过扭枝把枝梢拉出冠外，补充到较为合适的部位，也就是说，在扭枝的同时，还会把树冠整好形。扭梢是将枝条由直立弯成水平状，处理 10 天后要对继续直立旺长的枝梢重复处理 1 次，或是辅助牵、拉、压等措施强迫直立枝梢水平状外伸。

李树、杏树扭梢需注意的是：①扭梢主要适用于强旺树和旺枝、旺梢；②适用于辅养枝、竞争枝和强旺枝组，而不适用于主枝、侧枝和延伸枝；③扭梢是调节树体营养生长的措施之一，而不是完整的整形措施，应配合其他措施同时进行。扭梢主要是通过阻碍强梢的输导组织，抑制水分和养分的输导供应，调整枝条生长的角度和方向，并不减少枝量和叶面积。同时，扭梢可避免刺激枝条再生长，这样对缓和树势，促进花芽分化，增加结果部位效果显著。

（四）短　截

剪去 1 年生枝条的一部分称为短截。剪除 1 年生枝条长度的 1/4 左右，称为轻短截；剪除 1/3 ～ 1/2 为中短截；剪除 2/3 的为重短截；枝条基部仅留 2 ～ 3 个芽进行短截称为极重短截（图 5-12 至图 5-14）。

图 5-12　轻短截后发枝少　　图 5-13　中短截后发枝多　　图 5-14　重短截后发枝少

短截后缩短了枝的长度，减少了芽的数量，从而使养分、水分能够更集中地供应剩余的枝芽，并刺激剪口以下的芽萌发而抽出较多、较强的新梢。对 1 年生枝短截，可以促进新梢生长势，增加长枝比例，减少短枝比例，加强局部营养生长，延缓花芽的形成。短截越重，这种作用越明显。因此，此法在幼树期间要尽量少用。为了整形的需要，对于骨干枝上过长的延长枝，可以进行轻、中短截，以利于发枝扩冠。对部分竞争枝、旺枝和过密枝，在适量疏枝的基础上，也可少量的应用重短截或极重短截的方法培养中、小结果枝组。对于枝干背上部分的直立枝，也可应用短截和夏剪措施，培养结果枝组。对于长势偏弱的成年树，可适当采用中短截方法，以减少花量，促进长势和花芽分化。

1. 轻短截　轻短截的剪除部分一般不超过 1 年生枝长度的 1/4，保留的枝段较长，侧芽多，养分分散，可以形成较多的中、短枝，使单枝自身充实中庸，枝势缓和。轻短截的修剪量小，树体损伤小，对生长和分枝的刺激作用也小。

2. 中短截　中短截多在春梢中上部饱满芽处剪截，剪掉春梢长度的 1/3 ~ 1/2。截后分生中、长枝较多，成枝率强，生长势强，可促进生长，一般用于延长枝，或培养健壮的大枝组，或进行衰弱枝的更新。

3. 重短截　重短截多在春梢中下部半饱满芽处剪截，剪口较大，修剪量也大，对枝条的削弱作用较明显。重短截后一般能在剪口下抽生 1 ~ 2 个旺枝或中、长枝，即发枝虽少但较强旺，多用于培养枝组或发枝更新。

4. 极重短截　极重短截多在春梢基部留 1 ~ 2 个瘪芽剪截，剪后可在剪口下抽生 1 ~ 2 个细弱枝，有降低枝位、削弱枝势的作用。极重短截在生长中庸的树上反应较好，在强旺树上仍有可能抽生强枝。极重短截一般用于徒长枝、直立枝或竞争枝的处理，以及强旺枝的调节或培养紧凑型枝组（图 5-15，图 5-16）。

不同树种、品种，对短截的反应差异较大，实际应用中应考虑树种、品种特性和具体的修剪反应，掌握规律、灵活运用。

图 5-15　极重短截

图 5-16　竞争枝极重短截

（五）回　缩

就是对果树多年生枝的短截修剪，也称缩剪。此法在控制辅养枝、培养结果枝组、多年生枝换头和老龄树更新时应用较多。回缩缩短了枝轴，使留下的部分靠近主干，方便输送养分，降低了顶端优势位置，对余下枝条的生长和开花结果有促进作用。回缩改变了先端延长枝的方向，调整了枝条的角度和方向，便于控制生长势和树冠大小，并能改善通风透光条件。回缩对剪口枝的影响一般是促进的，但如果剪口枝弱，开张角度大，又剪去较多的枝条，并形成较大的伤口，则反而对剪口枝会有削弱作用。

回缩修剪的效果有一定局限性。回缩修剪仅适用于一定枝龄枝条的枝段，例如，金太阳杏在 3 年生以下枝段上进行缩剪时，有复壮长势作用，早金蜜杏在 4 年生以下枝段上缩剪时，也有促进生长作用；但多数李树、杏树品种在 4 年生以上的枝段上缩剪时，如果在剪口下边没有长势较强的剪口枝，则难收到缩剪后复壮长势的效果。

　　果树应用回缩法修剪，对树势、枝势有明显的影响，因剪口下第一枝条的开张角度大小和生长势强弱的不同，其产生的影响也不一样。

　　1. **多年生大枝回缩**　回缩多年生的健壮大枝，应先疏剪去一些大枝上的枝条，缓和大枝长势，待大枝长势缓和后，再回缩修剪。可选一个生长势弱、水平生长稍微下垂的枝条，作为回缩剪截后的当头枝，可以防止回缩修剪后的冒条。

　　2. **树落头回缩**　成年李树、杏树的中干长到适宜高度，不需要再延伸生长时，则需"落头去顶"，即用最上方的主枝代替原树头，对原树头回缩，抑制其往高处生长（图5-17）。

　　3. **树冠外围密挤枝回缩**　树体主枝着生的中、小枝会因连年分枝造成树冠外围枝条密挤，有的枝条与主、侧枝并生、重叠，或互相交叉，影响树冠内膛的枝条生长、结果，对这些枝条可进行回缩和适当疏剪（图5-18）。相邻的两个枝条、枝头交叉，可重回缩方向不顺直的分枝；两个枝条上下重叠的，回缩上部的下垂枝条。树体结构有侧枝的，如侧枝与主枝头并长，要重回缩侧枝，使其改为斜向上生长。

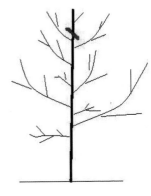

图5-17　落头回缩

图5-18　密枝回缩

图 5-19 相邻两主枝交叉

4. 相临两树主、侧枝延长头交接时的回缩 当相邻树骨干枝、延长头相碰交叉时，可回缩枝头，控制其继续延伸生长，改换枝头(图5-19)。

5. 辅养枝回缩 枝干上的辅养枝，必要时要加以处理，有时也要回缩截剪(图5-20，图5-21)。当枝干生长势尚不十分健旺，还需辅养时，要对大的辅养枝重回缩，待枝干长势转强，再疏除辅养枝；影响骨干枝生长的辅养枝，要回缩修剪；树冠上强下弱时，先回缩上部的辅养枝，树冠长势下强上弱时，先回缩下部的辅养枝。

图 5-20 辅养枝过长

图 5-21 辅养枝回缩

6.密挤枝改造成辅养枝时的回缩　当主枝数目较多,通风透光不良,骨干枝下部少枝光秃时,将树冠内膛生长的密生枝重回缩改成辅养枝,可以避免一次疏除枝条(密生枝)过多造成的较重伤口。

7.多年生直立枝的回缩　进行树体结构调整时,如果对徒长枝控制不好,则会出现多年生的直立枝。在多年生的直立枝上,对强旺枝要进行回缩修剪,缩剪后再去强留弱、去直留平。此种修剪方法能缓和果树旺长,有利于生长势转化,多形成结果枝。过于粗大的多年生的直立枝,可分2～3年多次回缩,促其形成结果枝组。

8.多年生光腿枝的缩剪　对多年生的粗壮光腿枝进行回缩修剪,能使隐芽发出新梢,利用空间增产。光腿枝如果过粗,回缩修剪时,剪口下要留平伸生长的或下垂生长的弱小枝条(俗称辫子枝),可以起到保护截剪伤口的作用。

9.复壮回缩　多年生的生长势弱的下垂枝,需在剪口下方留辫子枝,但在辫子枝着生处以上至回缩剪口处,对缩剪枝留一段保护橛。对大量短枝、瘦弱枝,不要急于回缩。向外延伸的多年生衰弱结果枝组,可分年回缩修剪更新。长势衰弱的老龄树复壮,要对骨干枝轮流缩剪,以旺盛生长的枝条作为缩剪后的带头枝,抬高枝头角度(图5-22)。缩剪后萌发的徒长枝,对可利用者轻剪缓放,成花后再缩剪。

图5-22　辅养枝复壮回缩

（六）疏　枝

将 1 年生或多年生枝从基部剪除的修剪方法，称为疏枝（图 5-23 至图 5-26）。疏枝可以使树体通风透光，增强光合效能，削弱顶端优势，保护内膛的短枝和结果枝；减少营养的无谓消耗，促进花芽形成，平衡枝势（图 5-27，图 5-28）。疏枝主要疏除过密的辅养枝、交叉枝、扰乱树形的大枝和徒长枝。一般在较旺枝

图 5-23　当年新梢疏枝前

图 5-24　当年新梢疏枝后

图 5-25　生长季竞争枝疏除前

图 5-26　生长季竞争枝疏除后

图 5-27　过多花枝疏除前

图 5-28　过多花枝疏除后

上去强留弱，在弱枝上去弱留强。疏枝一般对全树或被疏除的枝起削弱生长的作用，其削弱的程度与疏枝的部位、疏枝的多少和疏枝造成的伤口大小有关。因此，疏枝不可一次疏过多，要逐年分期进行。李树使用杏砧木疏枝会导致伤口流胶，对树势有削弱作用。因此，李树不宜从主干基部疏除，而是采用留短桩的办法（截平处需注意涂伤口保护剂）。

剪枝和锯枝都要有正确的操作方法。短截时应从芽的对面下剪，剪口要呈45°斜面，斜面上方和芽尖相平，最低部和芽基部相平。冬季修剪的剪口往往有一段干缩，且剪口芽易受害，影响萌发和抽枝，因此剪口处一般会高出剪口芽0.5厘米。疏枝时，顺着树枝分杈的方向或侧下方剪，剪口呈缓斜面。剪较粗的枝时，一手握修枝剪，一手把住枝条向剪口外方轻推，以保持剪口平滑。去大枝一定要用锯，以防剪口劈裂。

锯除粗大枝时，可分2次锯除，即先锯除上部并留残桩，然后再去掉残桩；或先由基部下方锯进枝的 $1/8 \sim 1/6$，然后由上向下锯除，这样可防止锯口劈裂。锯口应呈最小斜面，平滑，不留残桩。

锯掉大枝后要做好锯口护理工作，以加速锯口愈合，防止冻害和病虫危害。要用利刀把锯口周围的树皮和木质部削平，并用2% 硫酸铜溶液或 0.1% 升汞水消毒，消毒后再涂保护剂（图 5-29 至图 5-31）。常用的保护剂为锯油、油漆或铜制剂。铜制剂配制的方法是：先将硫酸铜和熟石灰各 2 千克研制成细粉末，倒入 2 千克煮沸的豆油中，将其充分搅拌，冷却后即可使用。

图 5-29　利刀削平锯口

图 5-30　清理锯口

图 5-31　锯口涂抹保护剂

（七）缓　放

缓放是指对 1 年生枝条不进行修剪，以缓和新梢长势的方法。缓放可以增加母枝的生长量，缓和新梢的生长势，减少长枝的数量，改变树体的枝类组成，促进短果枝特别是花束状果枝的形成，从而有利于花芽的形成（图 5-32）。缓放是在幼树和初结果树上采用的主要方法。幼树期间对骨干枝上的两侧枝、背下枝、角度大的枝缓放修剪，效果非常明显，而对于直立枝、竞争枝、背上枝进行缓放，则易形成"树上树"，扰乱树形。因此，对这些枝一般应疏除。另外，结果多的枝要与缓缩修剪配合使用，树势较弱、结果多的树，则不宜缓放。

图 5-32　杏枝缓放花芽多

缓放是相对于短截而言的，不短截即称为缓放。缓放保留的侧芽多，将来发枝也多；但枝多为中短枝，抽生强旺枝比较少。缓放有利于缓和枝的生长势且能积累营养，有利于花芽形成和提早结果。

缓放枝的枝叶量多，总生长量大，比短截枝增粗快（图 5-33）。在处理骨干枝与辅养枝关系时，如果对辅养枝缓放，往往会造成辅养枝增粗快，其枝势有时会超过骨干枝。因此，在骨干枝较弱、而辅养枝相对强旺时，不宜对辅养枝缓放；可采取控制措施，或缓放后将辅养枝拉平，以削弱其生长势。同样道理，在幼树整形期间，枝头附近的竞争枝、长枝、背上或背后旺枝均不宜缓放。缓放应以中庸枝为主，当长旺枝数量过多且一次全部疏除修剪量过大时，也可以少量缓放，但必须结合拿枝软化、压平、环刻、环剥等措施，以控制其枝势。上述缓放的长旺枝第二年仍过旺时，可将缓放枝上发生的旺枝或生长势强的分枝疏除，以便保持缓放枝与骨干枝的从属关系，并促使缓放枝提早结果，使其起到辅养枝的作用。

生产上采用缓放措施的主要目的是促进成花结果，但是不同树种、不同品种、不同条件下从缓放到开花结果的年限是不同的，

应灵活掌握。另外，缓放结果后应区别不同情况，及时采取回缩更新措施，只放不缩不利于成花坐果，也不利于树体通风透光。

图5-33　缓放形成叶丛枝

（八）刻　芽

萌芽前后，为促进芽眼萌发，可在春季芽萌动前，在芽的上方刻伤；芽萌动后，在芽的下方刻伤。具体措施如下。

萌芽前，在芽或枝的上方刻伤，向上输送的养分和水分被阻挡在伤口下的芽或枝处，可促使其萌发生长，此时潜伏芽也有可能被刺激萌发（图5-34）。对平斜枝，在芽的上方进行刻伤，更易使幼树增加枝量，促进成花。萌芽前，在芽、枝的下方刻伤，则能抑制芽或枝的生长，使其生长势转弱。

生长季节，在芽、枝的下方刻伤，下行的营养物质被阻挡在伤口上的芽或枝处，促使其生长；如在芽或枝的上方刻伤，则能抑制芽或枝的生长（图5-35）。在芽前0.5厘米处呈直线形刻一刀，

图5-34　刻芽（上方）

图5-35　刻枝（下方）

深达木质部；呈半月形再刻一刀，深达木质部，把中间这块皮用刀尖拨掉，形成一个目伤，其萌发的促进效果更好。此处刻背上芽易抽枝，刻两侧芽易出现叶丛枝成花。

（九）别　枝

别枝是在果树修剪上采用的一种缓和生长势、增加花芽量并使其提早结果的技术，即把生长旺壮的长枝别在其他枝的下面（图5-36，图5-37）。别枝要水平，可促发中庸枝。别枝发枝多，往往增粗较快，应在夏季配合其他促花措施，如扭梢、环刻、环剥等措施，使其早成花、早结果，以免影响骨干枝生长。否则，背上部位易发旺条，对成花不利。冬剪、生长季节都可以应用别枝手段。

图5-36　2年生枝别枝前

图5-37　2年生枝别枝后

（十）环　剥

采用环割和环剥技术，能够切断碳水化合物通过皮层向根系

图 5-38　环　割

的输送，从而使更多的有机营养物质积累在枝芽上，有效地促进新梢老熟，促进花芽分化、成花和坐果（图 5-38）。

该手段主要适用于肥水充足、管理水平高、绿叶层厚、叶片浓绿等特别旺盛的木本果树和藤本果树中的青壮树或壮旺幼树，忌应用于衰弱树，否则易造成树势严重衰退，甚至死亡。同时，注意不要在主干上进行环割、环剥，也不应每条主枝都环割、环扎和环剥，要留些枝梢向根部输送养分，保证根系正常生长的营养需要。

第一，环割部位及方法。晴朗天气的早晚，选择 5～10 厘米粗的主枝或骨干枝，用薄而锋利的小刀在环割部位做环状切割；两切口应对准，确保皮层被切断，深度以刚达木质部为准。通常环割 1～2 圈。

第二，适于环剥的树是适龄不结果的品种，或生长势强旺、愈伤能力强、成花困难的果树，绝不能不分品种和树势，见树就剥。环剥时期应该在 5 月下旬至 6 月上旬，即果树花芽生理分化期开始之时。环剥过早，影响新梢正常生长；环剥过晚（7 月份以后），当年伤口难以愈合，枝容易死。环剥过早、过晚，促花效果都不佳。环剥应选在骨干枝距中央领导干 15～30 厘米处，

或侧枝的光滑部位进行，切不可在主干上环剥，以防树势极度衰弱，造成果实产量低、品质劣，果树经济寿命短等不良后果（图5-39）。环剥后一定要注意对齐剥口，不能使其发生错位，剥口宽窄要一致，且切口不能有毛边。环剥要求只切断韧皮部，不伤及形成层和木质部，以利伤口愈合，避免伤及木质部后使枝条内形成黑色伤环，

图 5-39　主干环剥后愈合

影响树体骨架结构的牢固性。适宜的环剥宽度是被剥部位枝条直径的 1/15 ~ 1/10，宁窄勿宽。

多道环剥只能在主枝或侧枝上环剥一圈，不能既在侧枝上环剥，又在其着生的母枝上环剥，更不能在一个枝上同时环剥两道或多道。对于环剥 1 次后生长仍较旺的树或枝，宜在 7 月初，第一次环剥的伤口至少有 1/2 已经愈合时，再在上次剥口下面 3 ~ 5厘米处进行第二次环剥，且剥口应比第一次环剥的剥口窄。剥枝量过大时，每棵树的剥枝量应视其生长势而定，但不应超过全树骨干枝总量的 1/2 ~ 2/3；留一部分枝不环剥，可使根系仍能得到少量光合产物，不至于过分削弱树势而造成树势早衰。环剥伤口不应随意涂药，以防伤口不能顺利愈合。

环剥以后应加强果园的肥水管理，在生长期加喷 2 ~ 3 次0.4% ~ 0.5% 尿素液和 0.2% ~ 0.4% 磷酸二氢钾，以补充树体营养；成花量较大时，翌年花期要进行严格的疏花，使树体合理负载，保持其健壮树势。

第三，环扎部位、方法和操作与环割相似。用 14 ~ 16 号铁

丝在主干或主枝上环扎一圈，扎铁丝以缚紧树皮为度，不能把铁线扎入树皮。30～40天后见铁线陷入树皮，即可解缚（图5-40）。

图5-40　环扎有利于成花

（十一）拿　枝

指对1～2年生枝的一种软化手段，使其角度开张来抑制其生长势（图5-41至图5-43）。拿枝的时间应在5月下旬至8月下旬进行，因为此时春季树液刚刚流动后，枝条较软，容易操作，固定也快。较粗的枝进行拿枝时应一手托住枝的后部，另一只手下压枝的前部，慢慢用力，逐步由内向外移动，以木质部出现"哒哒"断裂声为宜。枝条粗而硬时，应反复进行几次，直至枝条平伸，略下垂为止。因木质部是微伤，所以韧皮部看不出伤痕。被拿的枝生枝长叶后，借助枝叶的压力，一般不再复原；个别枝角度变小时，

图5-41　拿枝前

图 5-42　拿 枝 中

图 5-43　拿 枝 后

可在生长季再拿 1 次。操作中注意不要用力太猛，以防枝条断裂。拿枝对缓和枝条长势，加大开张角度，提高萌芽力，促进成花，有很好效果。

夏季拿枝是对新梢而言，因新梢比较细嫩、柔软，用一只手由内向外反复捏握即可，直至新梢平伸或略下垂。拿枝目的也是开角促花。

（十二）拉 枝

也称撑枝、坠枝，即用绳子等将果树枝条人为地拉至整形要求的角度和方位，属生长期修剪使枝条变向的方法之一，现已成为果园大改形取得成功的又一关键配套技术。

1. 拉枝时期　在果树生长期内均可进行拉枝。由于树种、枝类、长势的不同,拉枝的较佳时期各不相同。

(1)李树　结果树的骨干大枝和多年生的强旺枝组宜在5月中下旬春梢旺长期进行拉枝。此期枝条代谢旺盛,持水量大,容易拉开,且易固定、易成花(图5-44)。若拉枝过晚,虽强于不拉,但此期树体上升液主要是无机营养,易使被拉枝背上芽萌发而抽生直立旺枝,且中、短枝数量相对减少,效果不佳。幼树的1～2年生枝一般宜在第三年至第四年的8月中旬至9月上旬进行拉枝,在此期拉枝,枝条易固定,翌年萌芽率高,背上"冒条"少。

图5-44　李树拉枝

(2)杏树　结果树的3年生辅养枝和多年生大型枝组宜在5月上旬进行拉枝;1～2年生枝宜在7月至8月上旬拉成水平状态,缓势促花,效果明显。幼树的1～2年生枝宜在6月下旬至7月上旬进行拉枝,此期拉枝扩冠快。

2.拉枝角度　凯特杏干性强,可选用自由纺锤形或主干形,即主枝角度宜拉至75°,辅养枝拉至100°;金太阳是易成花品种,可选用细长纺锤形的,即小主枝角度宜拉至90°,辅养枝拉至105°。澳李树骨干枝宜拉至75°,辅养枝拉至90°。对各类果树较小的侧生枝和结果枝组,均可利用"S"形开角器开张角度(图5-45至图5-47)。

图5-45　"S"形开角器

3.拉枝方法　一般对骨干大枝和3年生以上枝组采取"一打桩,二活动,三下压,四固定"的手法;对长势旺的营养枝采取"一扽二扭三固定"的手法。操作方法：先将绳子固定在木桩或砖块上埋入被拉枝中部的地下，然后用手托住枝条基部，上下左右反复推揉软化，再用手下压枝条中部，开角至要求范围，最后将绳子另一端（打活结）固定在枝条上（图5-48，图5-49）。

图5-46 开角前　图5-47 开角后　图5-48　绳子的系法　图5-49　拉枝的角度

　　4.注意问题　拉枝应选较佳时期抓紧实施，以确保枝拉后的效果。有的树种、品种枝条较硬，或骨干枝夹角过小不易拉开，应先用绳子在被拉枝基部缠绑2～4周，软化后再弯曲拉开，以防劈裂。拉枝要将基、腰角全拉开，呈平顺状态，不能弯曲，以免枝背上冒条（图5-50，图5-51）。拉枝在调整夹角的同时，要与调整水平方位相结合，插空排列，使枝条分布均匀。切忌在主干上绑拉或在大枝上下连拉，以免出现枝重叠。枝条拉后固定50～60天才可解除拉枝物，比较大的枝应推迟到秋末拉，以免角度和方位反弹；如不能一次拉到位，应根据生长情况及时更换部位，调整拉枝角度，保证规范要求。根据夏剪的要求，拉枝要与拿枝、扭梢、环剥（环切）、刻芽等方法相结合，才能充分发挥拉枝作用。

　　冬剪时或生长季节用其他树木的枝作撑棍时，应把要开角的

枝向外撑开，撑棍一头顶住中心干，另一头撑住要撑的枝。撑棍
两头应剪成扁鸭嘴状，再用剪子从扁鸭嘴的两边向内剪成凹槽状，
以免伤害中心干和被撑的枝（图 5-52）。撑枝可改变枝条生长极
性，促进下部枝芽的生长，并使所抽生的新梢生长均匀，多形成中、
短枝。这样，更有利于结果，可防止树下部光秃。骨干枝开张角
度后，可扩大树冠，改善光照，增加树体的营养，有利于形成花芽。

图 5-50　撑　枝　前　　　　图 5-51　撑　枝　后

图 5-52　扁鸭嘴状

六、李杏常见树形

（一）自然开心形

此种树形，干高 50 ～ 60 厘米，没有中央领导干，全株有 3 ～ 4 个主枝，各主枝间上下相距 20 ～ 30 厘米，三个主枝之间水平方向彼此互为 120° 角，主枝的基角在 50° ～ 60°（图 6-1，图 6-2）。每个主枝上留 2 ～ 3 个侧枝，主枝和侧枝上错落着生许多各种类型的结果枝组。

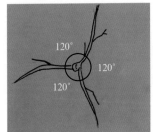

图 6-1 自然开心形　　　图 6-2 主枝平面图夹角

自然开心形是生产中应用较多的树形之一。其树体较小，通风透光良好，果实品质优良，一般 3 ～ 4 年即可成形，进入结实期早，适于密植。尤其在土壤瘠薄、肥水条件较差的山地发展的仁用杏，更宜采用此树形。但由于此树形主枝少，定干低，所以其早期产量较低，管理不太方便，且寿命较短。

1. 定干和培养主枝　果苗定植后距地面 50 ～ 70 厘米处剪截定干。干旱地区、山区和直立形品种，定干高度适当低些。剪口下留 20 ～ 35 厘米（6 ～ 10 个健壮饱满的叶芽）作为整形带，在带内培养 3 个主枝（图 6-3，图 6-4）。培养的方法有两种：一是利用主干上萌发出的 1 年生新梢或当年生副梢，从中选出距离适宜、方位合适的作为主枝，在第三枝以上把中心枝剪去；二是选 2 个距离适合、方位好的 1 年生枝或当年生副梢，作为下部主枝，其中心枝不剪去，而是人工拉向空缺主枝的方向，使其具有一定开张角度，作为最上部的主枝。在选定永久性主枝的同时，要调整好主枝的方位角和开张角度，其余的枝条进行摘心或拉枝培养成辅养枝。自然开心形三主枝中，向北侧生长的，或向山坡内生长的最好是顶端的第三枝，因为其枝位高，本身的生长势较弱，可以缩小些开张角度，增强生长势；向南侧或向山坡外侧生长的主枝，最好安排第一主枝，因其本身生长势较强，所以开张角度可以适当大些。这样，三个主枝的开张角度由大到小，三主枝间叶幕上下错开，可确保树体内部通风透光良好。

图 6-3　三　主　枝

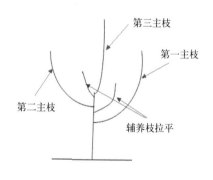

图 6-4　选留三主枝

2. 第一年冬剪

（1）主枝修剪　定干后的幼树生长 1 年，经过生长期的培养和修剪，已定下主枝。冬剪时主枝需要短截，按枝条生长势强弱和粗度、长度确定剪留长度，一般长粗比平均为25∶1。如果三主枝剪留过短，则侧枝之间距离近，会影响主枝配备，主枝角度也不易加大；剪留过长的骨架枝不牢固，下部易光秃，树势生长不旺。三主枝要求剪留长度一致，以达到均衡树势的目的（图6-5）。即分别剪去全

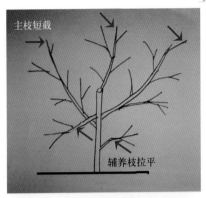

图6-5　三主枝短截和辅养枝处理

长的1/3～2/5，剪口芽留在外侧，第二、第三芽留在两侧。

（2）**辅养枝修剪**　凡影响主枝生长的旺枝或重叠枝均可以疏除。不影响主枝生长的辅养枝为了不与主枝竞争，可以加大角度拉平缓放，促结果枝萌发。辅养枝结果几年后，如果影响到主、侧枝生长，则可逐年回缩或疏除。

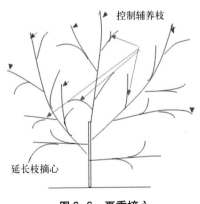

图6-6　夏季摘心

第二年春、夏季，当主枝延长到50厘米左右时，可在40厘米处摘心，以促使萌发副梢，增加分枝级次（图6-6）。摘心时的顶芽要在外侧，以便培养延长枝。摘心后副梢萌发过密，应当疏除一些，以免影响延长枝的生长。留下的副梢生长约40厘米时摘心，以促进花芽的形成。

3．第二年冬剪　定植后经过2个生长季节，根系逐渐扩大，树势得到恢复，新梢逐渐健旺。主枝剪留长度相应加长，剪留

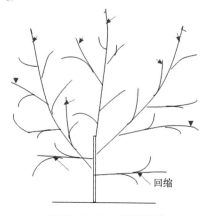

回缩

图 6-7　主、侧枝短截

长度为粗度的 30 倍。对主枝延长短截，可剪去全长的 1/3 ～ 2/5，为使几个主枝间的生长势均衡，各主枝剪口芽在同一高度线上，应采用强枝短截、弱枝长留的方法修剪，并注意主枝剪口芽的方向或用副梢基部芽开张角度，以缓和生长势（图 6-7）。

（1）侧枝修剪　在合适的位置选留侧枝，侧枝与主枝之间的分枝角度为 50°～ 60°，向外侧伸展，剪留长度比主枝延长枝稍短。一般主枝上的外侧枝经过夏季修剪的控制和调整，其粗度为主枝的 2/3 ～ 3/4，其剪留长度为粗度的 22 倍。此外，还要考虑从属关系，通常剪留长度为主枝长度的 2/5 ～ 1/2。注意调整外侧枝的角度，角度小时，生长势强，容易与主枝并列生长，影响彼此的光照，使其后部容易光秃；侧枝角度过大，其生长势也衰弱，寿命短。

（2）果枝的修剪　2 年生杏树会有部分花芽，由于幼树枝生长旺、节间长、坐果部位偏外、落果较重，冬剪时应当长留花枝修剪（图 6-8）。健壮的副梢果枝也应保留结果，但副梢不应超过果枝的 2/3。对没有花芽的健壮副梢，也应按果枝长度

控制结果枝旺长

图 6-8　结果枝修剪

剪留，以增加叶面积而不发生旺枝。在疏除过密、过旺、过弱的副梢时注意保留基部芽，否则会形成空节。

夏季，主枝延长到50～60厘米时摘心，在新萌发的副梢中选主枝延长枝和第二侧枝摘心（图6-9）。第二侧枝距第一侧枝30～50厘米，延伸的方向与第一侧枝相反，也是向外侧生长，分枝角度40°～50°；余下的枝条生长到30厘米以上时摘心，以促进花芽形成。

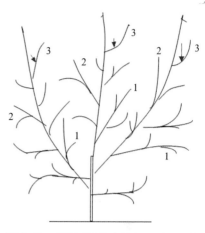

图6-9　侧枝选配（图中1、2、3分别代表第一侧枝、第二侧枝、第三侧枝）

4.第三年冬剪　任务仍然以培养主、侧枝为主（图6-10）。但因为树生长转旺，枝条生长量增大，主枝延长枝剪留长度比上一年稍长，原则上仍是剪去全长的1/3～2/5，约为枝粗度的30倍。如果上一年夏季未培养出第二侧枝，这次冬剪则要选留第二侧枝，具体要求与上年夏剪用副梢培养侧枝相同，但其剪留长度要比主

主、侧枝短截

图6-10　主、侧枝修剪

枝的剪留长度稍短。初步形成的结果枝组要适当短截，促使分枝扩大枝组，结果枝比上年适当多留。注意结果枝组安排的位置要

适当，大小枝组要同向排列，不要在主、侧枝上的同一枝段上配置2个大型枝组，以防尖削度过大，使主、侧枝先端生长势减弱，影响树冠扩大。在防止骨干枝先端衰弱的同时，要注意防止因主枝的顶端优势而引起的上强下弱，造成结果枝着生部位上移；如果采用留剪口下芽第二、第三主枝延长枝，使主枝折线状向外伸展，则侧枝应配备在主枝曲折向外凸出的部位，以克服结果枝外移的缺点。

5.第四年修剪 冬季修剪内容与上一年相似，树体一进入成年便开始结果，整形修剪主要目的是保持目标树形。不要过分开张主、侧枝，其延长枝的短截量应加重，以促使萌发比较直立的旺枝。如果主、侧枝开张过分，可以利用徒长枝抬高角度。枝组外形以圆锥形为好，伞形不利于透光。此外，还应注意调整好结果枝组间距离和枝组内的枝条密度，以不影响通风透光为宜。

（二）自然圆头形

这种树形是顺应杏树的自然生长习性，人为稍加改造而成，它的主要特征是无明显的中心干（图6-11）。一般干高50～60厘米，5～7个主枝，错开排列，主枝上每隔30～50厘米留一侧枝，侧枝上配备枝组（也可用大型枝组代替侧枝）（图6-12）。

图6-11 自然圆头形

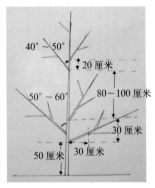

图6-12 自然圆头结构图

整形方法：苗木定植后，在 80 厘米左右定干任其生长，然后保留 5 ～ 7 个骨干枝，除最上部中心主枝向上延伸外，其余各主枝均向树冠外围伸展。主枝基部与树干夹角呈 50°～ 60°。当主枝长达 50 ～ 60 厘米时对其剪截或摘心，促其生成 2 ～ 3 个侧枝，侧枝分列主枝两侧，主枝头继续延伸。当侧枝生长至 30 ～ 40 厘米时对其摘心，在其上形成各类结果枝并逐渐形成枝组。结果枝组可以分布在侧枝的两侧或上下。自然圆头形的优点是修剪量小，成形快，结果早、多，易丰产，适合密植和旱地栽培；缺点是后期树冠容易郁闭，内膛空虚，结果部位外移，呈光腿现象，树冠外围也易下垂。此树形适于直立性较强的品种。

（三）延迟开心形

此种树形是一种改良的树形，没有明显的层次。干高70 ～ 80 厘米，中心干上均匀配置 5 ～ 6 个主枝，最上部一个主枝保持斜生或水平方向，待树冠形成后，将中心干自最上一个主枝上部去掉，呈开心状。这种树形造形容易，树体中等，结果早，适于密植（图 6-13，图 6-14）。

图 6-13　延迟开心形（落头前）　　图 6-14　延迟开心形（落头后）

（四）疏散分层形

有明显的中央领导干，在其上分层着生着 5 ～ 7 个主枝。干高 50 ～ 60 厘米。主枝分 3 层排列，第一层 2 ～ 3 个主枝，层内距为 20 ～ 30 厘米，第二层 2 个主枝，第三层 1 ～ 2 个主枝。第一层距第二层间距 80 ～ 100 厘米，第二层距第三层间距 60 ～ 70 厘米，第三层最上部的主枝应呈斜向或水平方向，使树顶形成一个小开心形。第一层主枝上各留 2 ～ 3 个侧枝，以后随层次的增加而减少。层间中心干上分布着若干个中、小型结果枝组（图 6-15，图 6-16）。

图 6-15　疏散分层形

图 6-16　疏散分层形示意图

此种树形树冠高大、主枝多、层次明显、内膛不易光秃、负载量大。最适宜树势强健、干性强和土壤肥沃的地方应用。但此树成形较慢，进入结果期较晚。疏散分层形要分年度进行整形修剪。

定干后在当年所萌发的新梢中，选择方位好、角度好、比较壮的枝条作为主枝来培养，其他枝条作为辅养枝，将其拿枝到

80°；竞争枝则拿到 90°，以利于中心干的生长；中心干 50 厘米左右摘心，第三芽留在生出第四主枝的位置（图 6-17）。

图 6-17　1 年生小树的疏散分层形

1. 1 年生小树的冬剪　定植后第 1 年生长季修剪要选留好中心干、基部三主枝和 2 ～ 3 个辅养枝（图 6-18）。从整形带内的 1 年生长枝中，选择位置居上、生长直立、旺壮者作为中心干，在饱满芽处剪留 50 ～ 60 厘米；竞争枝可用拉平、环刻、留短概法处理。若竞争枝强于延长枝而且角度好时，也可将延长枝疏去或拉平，以竞争枝代替延长枝。在长枝中选择角度好、方位合适的 2 ～ 3 个枝条作为主枝，在其饱满芽处剪留 40 厘米左右，剪口一般留外芽。枝势强、发枝多的品种，也可将剪口芽留在里面，进行里芽外蹬处理。徒长枝要疏除，其余作为辅养枝使用，并采取轻剪长放或变向处理，促生花芽。

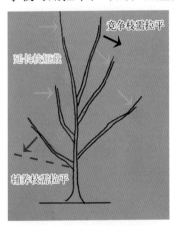

图 6-18　1 年生树的冬剪

2. 2 年生小树的冬剪　先在中心干顶部的分枝中，选择直立健壮的枝作为中心干的延长枝，在饱满芽处短截，剪留长度 50 ～ 60 厘米，继续选留基部三主枝，层内距保持 20 ～ 40 厘米（图 6-19）。主枝也应在饱满芽处短截，剪留长度 40 厘米左右，剪口第三芽留在将来出第一侧枝的位置上。

其余枝条除不可利用者外，应尽量少疏除。辅养枝仍进行开角、变向处理，以减少较长枝条的数量，促进花芽形成。

3. 3年生小树的冬剪 基部三主枝的延长枝仍在饱满芽处短截，剪留长度40厘米左右，剪口第三、第四芽留在将来出第二侧枝的位置上（第二侧枝应在第一侧枝的对面）（图6-20）。中心干的延长枝继续在饱满芽处剪留50～60厘米，剪口下第三、第四芽留在将来出第二层主枝的位置上，并与第一层主枝错落开，不要重叠。其他枝条与上一年处理方法相同。夏季用撑、拉等措施开张侧枝角度，并使侧枝角度稍大于主枝角度（70°～80°为宜）。

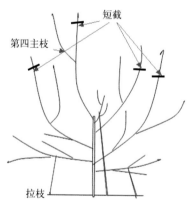

图6-19　2年生树的冬剪

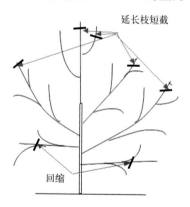

图6-20　3年生树的冬剪

4. 4年生幼树的冬剪 中心干每年升高50～60厘米。主枝延长枝每年在饱满芽处剪留40厘米左右。侧枝延长枝剪留长度比主枝短些。用撑、拉、里芽外蹬等方法开张主、侧枝角度。注意上下层之间、同一层主枝之间，过强枝采用多疏枝的办法削弱其生长势；弱枝用少疏多留的方法增强其生长势。在不影响主、侧枝生长的情况下，辅养枝继续采用轻剪长放、环刻、变向、疏枝和控制枝量等方法，争取早期有较高的产量（图6-21）。

（五）丛 状 形

此树形是目前丘陵山地逐渐普及的树形（图 6-22）。特点是树体矮化，管理方便，通风透光良好，更新复壮容易。

定干高度一般在 10～30 厘米，干上着生 4～5 个健壮的主枝，向四周斜向伸展。每主枝上配 2～3 个侧枝，一级侧枝距地面 60～70 厘米，二级侧枝距一级侧枝 40～50 厘米，三级侧枝

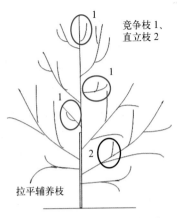

图 6-21　4 年生树的冬剪
（控制竞争枝、直立枝）

竞争枝1、直立枝2

拉平辅养枝

距二级侧枝 30～40 厘米，共有 12～15 个侧枝。侧枝上着生结果枝组（图 6-23）。对一穴一株的杏树，定干后长出 4～5 个主枝，冬剪时疏除中央领导枝，其他主枝在 30～50 厘米处剪截。对一穴多株的杏树，定干高度为 60～70 厘米，冬剪时对冠内的直立

图 6-22　丛状形单个主枝枝组配备

图 6-23　丛状栽培结果状

徒长枝和密生枝进行疏除，其他枝留 30 ~ 40 厘米剪截，并使其向外延伸，培养第一侧枝，侧枝剪留长度为 25 厘米左右。整形一定要在保证通风透光的前提下进行。

（六）两主枝开心形

也就是"Y"形，它的主枝配备在相反的两个方向上，两主枝伸向行间，夹角 80°。侧枝配备的位置要求不严，一般在距地面约 1 米处即可培养第一侧枝，第二侧枝在第一侧枝的对面，相距 40 ~ 60 厘米（图 6-24，图 6-25）。各主枝上的同一级侧枝要向同一旋转方向伸展。主枝开张角度要求为 40°，侧枝开张角度为 50°，侧枝与主枝的夹角保持 60° 左右（图 6-26）。

两主枝开心形为了成形快，可以利用 1 年生枝上的副梢培养第一主枝，原主干枝延长倾斜 40° 作为第二主枝（图 6-27）。但第一主枝生长势弱时，应缩小开张角度加强生长势。在以后几年的整形修剪中，除继续利用主枝开张角度平衡树势外，还要利用

图 6-24　李两主枝开心形

图 6-25　杏两主枝开心形

留芽数和留果数来平衡树势（图 6-28）。生长势弱的品种或生长势弱的个别枝条，要注意选留徒长枝加以培养，以改变开张角度，增强生长势。

图 6-26 侧枝配备示意图　图 6-27 选留主枝　图 6-28 生长季修剪

　　两主枝开心形在第一年整形时，苗木定植后随即定干，干高 40 ~ 60 厘米，萌发后将干高 20 厘米以下的芽抹掉。在 20 厘米的整形带内选择伸向行间方向的 2 个芽，当新梢长至 40 厘米左右时立杆绑缚，其他枝摘心控制。1 个月后对主枝再进行 1 次绑缚，同时对主枝的直立副梢及其他旺枝摘心。

　　1. 冬季修剪　背上直立旺枝，以全部疏除为原则，如果背上无细弱枝，可以保留旺枝茎部的隐芽，抽生弱枝防止夏季树干日灼病。主枝头截去秋梢部分，按长粗比 40∶1，留外芽。大侧枝在主枝上相距 50 厘米左右保留 1 个大侧枝，侧枝粗度从下至上递减。对于结果枝，则采用去弱留强、疏去细弱枝的方法。保留长果枝，20 厘米内不能留 2 个平行的长枝，根据产量确定留枝量（图 6-29）。

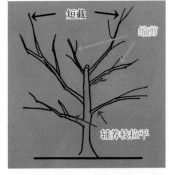

图 6-29　第二年冬季修剪示意图

图 6-30　背上枝控制不当

2. 夏季修剪　一是疏除背上直立旺枝（图 6-30），为避免阳光大面积直射到主干，背上直立旺枝可以保留 5 厘米左右；二是疏除过密枝，树冠内有些地方枝条交叉过密，应疏除一部分弱枝；三是生长季节枝条角度开张不够，可以采用拿枝的方法改变；四是主枝角度开张不够时，采用拉枝的方法，但拉枝时要注意绳子不要绑缚过紧，以防绳子勒入木质部，影响主枝的生长。

修剪注意事项：两主枝夹角不宜超过 90°，否则主枝背上易生直立旺枝；大侧枝由下至上一定要一级比一级弱，否则下部枝将因得不到光而枯死，造成光腿现象，但上部枝强时可用重回缩来解决；行距一定要大于主枝长度，如果主枝长度超过行距，则可以将其回缩至下一级侧枝上。

（七）主　干　形

主干高度 60～80 厘米，树高 3 米左右，冠径 2.5 米左右。有强壮的中心干，其上每隔 15～20 厘米着生 1 个主枝，全树有主枝 10～12 个，呈螺旋状排列，主从分明。同方位主枝间距应保持在 60 厘米以上。主枝上直接着生结果枝组，保持单轴延伸；主枝角度应保持在 80°左右，基部粗度不超过其着生部位中心干粗度的 1/3。

1. 定植后第一年的修剪

（1）定干　在饱满芽均匀高度处，为 60～80 厘米高度处剪截定干(图 6-31)。

(2) 夏季修剪 5 月中下旬开始,当侧生新梢长到 20 厘米左右时,对其实施摘心;对竞争枝也可在 10 厘米时摘心,以保持中心梢生长的绝对优势。

2. 定植后第二年的修剪

(1) 冬季修剪 先选择直立向上、生长较旺的枝条作为中央领导枝,在饱满芽处剪留 100 厘米左右。对于其余的位于主枝位置的 1 年生枝可根据情况实行重短截,或在基部保留 2～3 个瘪芽短截,或抬剪疏剪(剪成马蹄形)(图 6-32)。

(2) 春季修剪 于 3 月下旬或 4 月初,从中央领导枝剪口下第三芽开始,每隔 15～20 厘米刻 1 个芽,直至主干高度处,以备发生骨干枝。

(3) 夏季修剪 对竞争枝及早摘心,除留作骨干枝的枝条外,其余密者疏除,不密者适时摘心(图 6-33)。

(4) 秋季修剪 在 8～9 月份,将竞争枝及密而无用的枝条疏除。除中央领导枝外,其余的枝条全部进行拉枝开角至 80°～90°。

图 6-31 60 厘米处摘心定干

图 6-32 主干形第二年冬剪

图 6-33 主干形第 2 年生长季修剪

3. 定植后第三年的修剪

（1）**冬季修剪** 中央领导枝的选留及剪截同上一年，其余骨干枝及主枝间辅养枝一律缓放不剪（个别弱主枝可于饱满芽处剪截）（图6-34）。

（2）**春季修剪** 主要是刻芽。刻芽的标准：中央领导枝同上一年；缓放的骨干枝及其余枝条隔三差五刻两侧及背后的芽；瘪芽处要刻稍重一点；梢部25厘米左右和基部20厘米左右可不刻。

（3）**夏季修剪** 疏除冠内密而无用及外围多头的新梢；竞争枝及主枝背上的旺梢实行摘心或短截；在5月下旬视树势强弱对春季刻芽的缓放枝，在其基部10厘米处进行环剥或环切。严禁环剥主干。

（4）**秋季修剪** 基本同上一年，如主枝背上发生直立强旺新梢少疏除。

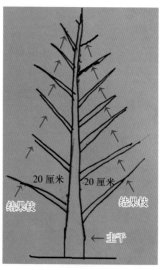

图6-34 3年生主干形示意图
（结果枝间隔20厘米，螺旋上升式排列）

七、不同类型树的修剪

（一）结果枝组的修剪

1. 结果枝组类型

（1）**按大小分**　枝组按其着生分枝的数量、主轴的长短和所占空间的大小，分成小、中、大型枝组。

①小型结果枝组　小型结果枝组具有2～4个分枝，主轴长15厘米左右，占有直径30厘米左右的空间（图7-1）。这类枝组分枝少，生长缓和，容易形成花芽，多着生在大、中型枝组之间，能充分利用空间，有条件时可发展为中型枝组。小型结果枝组寿命较短，本身不易更新，但一般数量较多，占全树枝组总数的40%～60%。充分利用小型枝组有利于早结果、早丰产。

图7-1　小型结果枝组

②中型结果枝组　中型结果枝组具有5～15个分枝，主轴长30厘米左右，占有直径约90厘米的空间（图7-2）。这类枝组分枝较多，生长缓和，光照好，结果可靠，枝组内易交替结果和更新，寿命较长。中型结果枝组的数量也较多，有的品种能占到全树枝组总数的40%～45%，结果量占全树的1/2左右；既是主要结果部位，也是盛果期树丰产的基础。中型结果枝组有时可

以包含几个小型枝组。

图7-2 中型结果枝组

③大型结果枝组 大型结果枝组具有15个以上分枝，主轴长30～50厘米，占有直径60厘米以上的空间(图7-3)。因其分枝较多，有效结果枝相对少一些，但生长势和结果能力强，便于枝组内交替结果和更新复壮，寿命长。大型枝组生长势强、分枝多，控制不当容易遮光，生长过旺时还会影响枝条之间的平衡关系。大型枝组的势力难以平衡和控制，单位空间的产量较低。这类枝组的数量不宜安排过多，一般占总枝组数的15%～20%。

图7-3 大型结果枝组

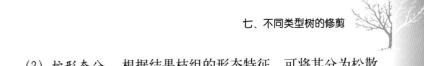

（2）**按形态分** 根据结果枝组的形态特征，可将其分为松散型和紧凑型两类。

①松散型枝组 多单轴延伸，且多由多年甩放不剪的旺枝上着生的一串短枝而形成。松散型枝组往往分枝和结果都集中在前部，后部有一段光秃带，在幼树开始结果阶段，这类枝组对缓和树势、早期丰产能起重要作用；但结果数年后，松散型枝组结果部位外移，母枝下垂，容易转弱衰老，后期结果不良，数量过多时还影响树冠内膛光照，所以要及时回缩。

②紧凑型枝组 其主轴较短，对其他枝的光照影响小，分枝部位低，分枝多，结果可靠，能交替结果并易更新，占有空间较小，是比较理想的枝组形态。培养紧凑型枝组是改善盛果期李树、杏树树冠内膛光照条件的重要措施，但由于某些品种生长结果习性的限制，不易培养。

（3）**按着生位置分** 结果枝组也可按其着生的部位分成背上、侧生和下垂等几种类型。背上枝组易过旺，需控制高度和大小；侧生和下垂枝组枝势缓和、结果早，是早期结果的重要部位。

2. 结果枝组的配置 果树除骨干枝和辅养枝外，大量枝梢分布在结果枝组上，因此结果枝组的合理配置是关系到全树的生长、结果和通风透光的重要措施。不同类型枝组配置原则不同，应区别对待。

（1）**不同大小的结果枝组的配置** 这类枝组的配置多依骨干枝的不同位置和树冠内空间的大小而异。一般主、侧枝的先端部位，即树冠外围，以配置小型结果枝组为主；树冠中部以配置中型结果枝组为主，同时根据骨干枝间的距离、空间的大小，可配置少量大型结果枝组；骨干枝相距较远，即树冠内出现较大的空间时，可用大型结果枝组来补充；骨干枝的后部，即树冠的内膛应以配置中、小型枝组为主；在中、大型枝组之间，要以小型枝

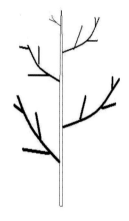

图 7-4　枝组下大上小

组填补空隙。上述配置方法主要是从树冠内膛光照和骨干枝各部分的平衡关系考虑的（图 7-4）。

（2）不同着生部位结果枝组的配置　一般骨干枝垂直角度较大时，可以配置背上枝组；骨干枝垂直角度较小时，背上枝组不易利用，应多安排中、小型背后枝组（图 7-5，图 7-6）。无论骨干枝垂直角度大小，背上均不宜安排大型枝组，否则会影响骨干枝头的生长和骨干枝之间的平衡关系，也会影响内膛光照。幼树骨干枝两侧和背后可配置大型枝组，以增加枝量和结果部位。

图 7-5　背上结果枝组

图 7-6　背上枝组强旺

（3）不同形态结果枝组的配置　这类枝组的配置多因树龄、品种而异。幼树期间为了缓和树势、早结果，可对一些辅养枝轻剪缓放，形成细长松散型结果枝组，这是果树早期产量的来源。随树龄增加、树冠的扩大和一些紧凑型枝组的形成，树冠内膛光照受影响，就需要对这些细长松散型枝组进行回缩改造，并增加紧凑型枝组的配置数量。不同品种的生长结果习性和花芽形成的规律不同，这类枝组的配置也不同。例如，李王品种对短截修剪反应较敏感，又以短果枝结果为主，培养枝组要以缓放为主；通过 2 ～ 3 年连续的缓放，形成大量短枝后才能正常结果，因而培养紧凑型枝组就较困难。

3. 结果枝组的培养 为培养结果枝组，可采用冬剪与夏剪相结合的办法。例如，冬季先短截，夏季对先端发生的旺枝再短截、扭梢或回缩到角度开张的中庸枝处，促生副梢并促其后部成花，这样便能加速结果枝组的形成。着生在大型骨干枝上的旺盛新梢，可在夏季连续摘心，形成一串中庸枝或短枝，便于冬剪时培养结果枝组，且有利于旺枝的控制。

（1）小型结果枝组的培养

第一，中庸枝缓放（图 7-7）。经 1 ～ 2 年后形成串花枝，留部分花芽回缩或结果后回缩，然后再放、再缩，即可培养成小型的结果枝组。

图 7-7　中庸枝缓放

第二，中、长果枝结果后，促其后部抽生短枝，然后回缩至小分枝上，即可培养成小型枝组。

第三，生长较弱的小型营养枝，经缓放分生短枝，形成花芽或结果后回缩，可培养成小型枝组（图 7-8）。

图 7-8　弱营养枝

第四，利用果台副梢，改造短果枝群，可培养成小型枝组（图7-9）。

第五，生长衰弱、密挤的中型枝组，可缩剪改造成小型枝组（图7-10）。

图 7-9　极短果枝　　　　图 7-10　衰弱、密挤的中型结果枝

（2）中型结果枝组的培养

第一，侧生中庸枝缓放，促其成花结果，以后再根据其长势短截或回缩，可培养中型枝组，即先缓后截法（图7-11）。

第二，一些品种中庸枝可先短截（强枝可重短截），然后去强留弱缓放，促其成花结果，可培养中型枝组，即先截后缓法（图7-12）。

第三，有发展空间的小型枝组，可短截其分枝，培养成中型枝组（图7-13）；生长衰弱的大型枝组可缩剪成中型枝组。

图7-11　先缓后截

图7-12　先截后缓

（3）大型枝组的培养

第一，上述培养中型枝组的前两种方法，可根据枝势、空间和需要，培养成大型枝组（图7-14）。

第二，生长密挤、分枝稀疏、空间有限的辅养枝，可改造成大型枝组（图7-15）。

图7-13　小型结果枝组短截

第三，一些较大的缓放枝，结果1~2年后在较好的分枝处回缩，可培养成大型枝组（图

7-16)。

第四，生长旺盛且有发展空间的中型枝组，可扩展成大型枝组（图 7-17）。

图 7-14　空间有限的大枝

图 7-15　空间有限的辅养枝

图 7-16　结果 1 ～ 2 年后回缩

图 7-17　有空间的中型结果枝组短截

(4) 松散型枝组和紧凑型枝组的培养

第一，着生一串中短枝的多年长放枝，成花结果后回缩，可培养成松散型枝组（图7-18）。

第二，中庸树上的旺枝极重短截，然后去强留弱，可培养紧凑型枝组（图7-19）。

第三，分枝部位高的多年生细弱枝，后部发生分枝的，结果后重回缩，可培养紧凑型枝组。这类枝组先重回缩，促发中短枝后也能培养紧凑型枝组（图7-20）。

图7-18 缓放成松散型结果枝组

图7-19 中庸树旺枝的极重短截

图7-20 紧凑型结果枝组

4. 结果枝组的修剪 结果枝组的修剪任务，包括控制结果枝组的大小和发展方向，调节结果枝组的密度和生长势，调节结果枝与生长枝的比例等。

(1) 结果枝组的大小 依其着生部位和与其他枝组之间的距离而定。一般侧生枝组可以较大，修剪方法是：选择一个中庸枝为枝组的延长枝，并在饱满芽处短截；延长枝的方向应与枝轴保持顺直；疏除过多的长枝，促使枝组扩大，即可由小型枝组变成中型枝组，或由中型枝组变成大型枝组。枝组修剪应注意延长枝及其剪口芽的方向，使其向着空间大的方向发展。较大枝组的发展空间较小时，可对其发展进行控制。控制枝组直立枝的方法是：将其回缩至中、后部中庸的分枝上，并对其短截；背上直立枝可以疏除，以减少枝组的总枝量。

(2) 结果枝组的密度 枝组的密度依据枝组间的距离和枝组的大小而定。在枝组较稀、总枝量较少时，可以短截枝组的中庸枝，以促生分枝和扩大枝组。枝组的延长枝细弱且短截发生的新枝更细弱时，可以先缓放，待其加粗后再回缩至短枝处。枝组过密，以至影响通风透光和正常结果时，可疏除部分中、小型枝组，或将大、中型枝组改造成中、小型枝组。

(3) 结果枝组的生长势 结果枝组的生长势以中庸为宜，即大、中型枝组都由中庸枝带头，生长量以 20～40 厘米为宜。枝组的生长势过旺时，夏剪时摘心可控制旺枝；冬剪时应疏除旺枝、轻剪中庸枝。留基部瘪芽，将其回缩至弱枝、弱芽处，或去直留平改变枝组的垂直角度。若枝组长势过弱，可以回缩至壮枝、壮芽或垂直角度较小的分枝处，抬高枝组角度并减少枝组上的花芽量，以促使其复壮。

(4) 结果枝组的花芽、叶芽比例 结果枝组应是既能结果又有一定生长量的基本单位。因此，大、中型枝组都需调节花芽与叶芽的比例。因为除大、中型枝组外，还有一些小型枝组和直接着生在骨干枝上的结果枝，所以调节大、中型枝组上花芽与叶芽的比例时应从整体考虑。有时结果枝组之间交替结果，全树的花芽、叶芽比例又恰当时，也能实现稳产，且这种交替结果比一个中型枝组内的交替更易掌握。大、中型枝组一般可根据"三套枝"修剪的原则处理，即一套枝当年结果；一套中庸枝能分化足够的花芽，第二年结果；一套发育枝，经短截能促生新的中庸枝，以备第三年结果。这种修剪方法在分枝较多的大、中型，紧凑型枝组上易做到；而在长期缓放、分枝很少的冗长松散型枝组上不易实现。

有些枝组虽有足够的分枝，但没有结果枝，不能形成花芽。处理这类枝组时要具体分析，并采取相应的成花措施；大型不结果枝组可在其基部环刻或环剥，这是促进花芽形成，并控制其长势的有效方法。

(5) 结果枝组的更新　　光照不良、过于密挤、结果过多、枝组本身下垂、着生母枝衰弱等因素，均可造成果树生长势衰弱，不能分生足够的生长枝，结果能力明显减弱等问题。这种枝组都需要更新。

枝组的更新要从全树生长势的复壮和改善枝组的光照条件着手，并根据枝组的不同情况，采取相应的修剪措施。例如，冬剪时可将其回缩至强壮分枝处，或回缩至垂直角度较小的分枝处，并减少花芽的比例。枝组分枝较少时，可疏花疏果，或变花枝为营养枝进行复壮。过度衰弱且短截后仍不发枝，无法更新的枝组，可从基部疏除。如果疏除后留有空间，可利用附近徒长枝培养新枝组；如果疏除前附近有空间，也可先培养新枝组，然后将原有的衰弱枝组逐年去掉，即以新代老。

（二）不同树龄的修剪

1. 幼树的修剪　　幼树生长旺，但枝条不规则，营养枝生长期长，生长量大，长势弱，有明显的二次生长。幼树生长前期消耗营养物质较多，后期生产和积累营养物质的能力强，这对扩大树冠，增加全树枝量，保持树体健壮长势，及早形成花芽和早果丰产，都有明显效果。

幼树生长旺盛，其修剪原则是整形为主，夏剪为主，冬剪为辅，尽快成形，早日结果。主要任务是对主枝和侧枝的延长枝进行短截，以促进分枝，增加枝叶量。短截程度以剪去新梢长度的 1/3 ～ 2/5 为宜，剪口芽留饱满外芽，对各类延长枝的竞争枝采取重短截或疏除的方法，控制其无效生长或培养结果枝组（图7-21）。幼树枝短截至瘪芽处，剪留长度为 3 ～ 5 厘米。对主、侧枝上的背上枝要及时疏除或极重短截，剪留长度小于 2 厘米（图7-22，图 7-23）。对延长枝以下的长枝和有饱满芽的中、长枝要缓放，使其萌生短果枝和花束状果枝，尽早结果。中心干上选 2 ～ 3个枝短截培养中、小型结果枝组，其余枝条作为辅养枝缓放，使其尽早结果。对树冠内膛的直立枝、交叉枝、内向枝、密生枝要及时疏除以改善通风透光条件。

图 7-21　饱满芽处的短截　　图 7-22　背上枝控制　　图 7-23　背上枝失控

花束状果枝的着生部位，多在母
枝的中部和下部，每年延长一小段，持
续形成花芽，可连续结果 4 ~ 5 年（图
7-24）。不同枝龄上的花束状果枝，虽
然着生大量花芽，但并不一定都能结果。
结果最好的还是 3 ~ 4 年生枝段上的花
芽；5 年生以上枝段的花芽，坐果率较低。
老树上的花束状果枝，如果营养条件较
好，可通过更新修剪来复壮其结果能力。
长果枝和中果枝，多着生在母枝的上部，
花芽一般不充实，坐果率较低。

图 7-24　花束状果枝

图 7-25　欧洲李单芽

欧洲李和美洲李
的结果习性与中国李
不同，它们主要以中
果枝和刺状短果枝结
果。发育健壮的李树，
在当年生新梢上，也
能形成花芽结果（图
7-25）。

李树的主要结果
部位，一般比较稳定，
而且多集中在树冠的中部和下部，所以隔年结果现象较少。但因
其每年都是顶端的叶芽向前延伸，下部枝条容易衰老，结果能力
降低，所以每隔 3 ~ 4 年就应回缩更新 1 次，促其复壮。

欧洲李和中国李的结果习性有所不同，修剪时应加以注意。
欧洲李结果枝的节上多为单芽，中国李的长果枝和中果枝，多为
复芽（图 7-26）。欧洲李的老树短果枝较多，但其长度在 15 ~ 20

图7-26 中国李复芽

厘米的伪细弱枝仍能形成花芽。欧洲李的隐芽发枝较少，中国李的隐芽发枝较多，中国李的侧枝更新易于欧洲李，欧洲李的纤细枝较多，但这种纤细枝极易分生短果枝，所以修剪时不要轻易将这种枝条疏除。欧洲李的结果部位比中国李上升快，副梢的发生也比中国李少。以上这些特点，修剪时都应注意区别和利用。

2. 初果期树的修剪 初果期树的树形已基本形成。此期修剪的主要任务是继续扩大树冠，合理调节树体营养生长与生殖生长之间的关系，改善通风透光条件，防止内膛枝枯死，更新复壮结果枝组。修剪以夏剪为主，冬剪为辅。

初果期树对各类营养生长枝的处理基本与幼树期相同。只是在此基础上，对各类结果枝或结果枝组应进行适当的调整。此期树上的结果枝，一般全部保留。对坐果率不高的长果枝可进行短截，促其分枝培养成结果枝组。中、短果枝是主要的结果部位，可隔年短截。这样，既可保证产量，又可延长寿命，且避免了结果部位外移。对于生长在各级枝上的针状小枝，则不宜短截，可利于其转化成结果枝。对生长势衰弱和负载量过大的结果枝组要进行适当回缩或疏除。

3. 盛果期树的修剪 此期整形任务已完成，产量逐年上升，树势中等，生长势渐弱。修剪的主要任务是调整生长与结果的关系，平衡树势，防止大小年现象的发生，延长盛果期的年限，实现高产、稳产。对树冠外围的主、侧枝的延长枝应进行短截，剪留长度以延长枝的1/3～1/2为宜，使其继续抽生健壮的新梢，以保持树势。对衰弱的主、侧枝和多年生结果枝组、下垂枝，应在强壮的分枝部位回缩更新或抬高角度，使其恢复树势。对连续结果 5～6 年的花束状果枝应在基部潜伏芽处回缩，促生新枝，并重新培养花束状果枝。对树冠内的长、中、短果枝多短截，少缓放，一般中果枝截去 1/3，短果枝截去 1/2。这样不仅可以减少果树当年的负载，也可刺激生成一些小枝，为翌年的产量做准备；同时，还可以防止内部果枝的干枯，避免内膛空虚、光秃。对主、侧枝上的中型枝（手指粗细）和过长的大枝可回缩到 2 年生枝的部位，以免其基部的小枝枯死和结果部位外移。内膛发出的徒长枝，有空间就尽量保留，可在生长季连续摘心，或冬季重短截，促生分枝，培养结果枝组。对树冠外围多年生枝，要有放有缩，以改善通风透光条件。

4. 衰老期树的修剪　进入衰老期的树，各级骨干枝生长弱，树冠外围枝条的年生长量显著减小，只有 3～5 厘米长，甚至更短。骨干枝下垂，内膛严重光秃，只在树冠外围结果。修剪的主要任务是更新骨干枝和枝组，恢复和增强树势，延长其经济寿命。

对骨干枝更新回缩的顺序是按原树体骨干枝的主从关系，先主枝后侧枝依次进行程度较重的回缩。主、侧枝一般可回缩到 3～5 年生或 6～7 年生枝的部位，为原有枝长的 1/3～1/2。回缩要在较壮的分枝处一次完成。骨干枝回缩后，对其上的枝组和多年生枝以及小分枝也要回缩（图 7-27）。

大枝回缩后，对抽出的更新枝，应及时从中选留方向好的作骨干枝，其余的及时摘心，促发二次枝。对背上生长势强的更新枝，可留 20 厘米左右摘心，待二次枝发出后，选 1～2 个强壮者在 30 厘米处进行第二次摘心，当年可形成枝组并形成花芽。对内膛发出的徒长枝，也要用以上办法把其培养成结果枝组，以增加结果部位。

在对衰老树更新前的秋末，应施适量基肥，浇足封冻水；更新修剪后结合浇水每株再追施速效氮肥 0.5 ～ 1 千克，更新树第二年就会有可观的产量。

图 7-27　大枝回缩

5. 对放任树的修剪　我国不少李、杏产区有相当部分树不整形、不修剪，任其自然生长。这类树的特点通常是树形紊乱，主从不明，层次不清，内膛空虚、光秃，外围枝条密闭，产量低而不稳，大小年现象严重（图7-28）。

图 7-28　主次不清

改造方法：疏除过密、交叉、重叠的大枝，打开光路，使树体通风透光良好，并选留 5 ～ 7 个方向好、生长健壮的大枝作主枝。疏除大枝时，要逐年逐次地进行，当年疏除 1 ~ 2 个，翌年再疏除 1 ~ 2 个，避免使一年内伤口过多而影响树势。对外围和内膛的密生枝、交叉枝、枯死枝、对生枝、内向枝等也要疏除（图 7-29 至图 7-32）。但对内膛发出的徒长枝和新梢要尽量保留，培养成枝组，以充实内膛。

图 7-29　交 叉 枝　　　　　　图 7-30　枯 死 枝

图 7-31　重 叠 枝

图 7-32　对 生 枝

6. 对小老树的修剪　形成小老树的原因很多（图 7-33），但总的来说，可归纳为三个方面：①苗木本身质量所致，即苗木瘦弱、根系差（须根少，断根多，冻根或病根等）。②栽培环境差，即土壤贫瘠、干旱、缺肥水等。③由栽培管理所致，即管理粗放、连年遭病虫危害或定植穴小，栽培过深或过浅等。

解决办法：应该先找出造成小老树的原因，然后才能有针对性地采取有效措

图 7-33　小 老 树

施。总的原则为：①加强土肥水管理，如丘陵坡地和沙荒地土薄，肥水流失严重，应深翻客土，多施有机肥改良土壤，提高土壤肥力，并做好水土保持工作。②抓住病虫害防治这个关键问题，对小老树的地上部和地下部病虫害及时防治，做好护叶养根工作。③修剪问题不可忽视，修剪上要去弱留强，切忌枝枝打头，把好的叶芽去掉，尽量少去大枝，减少伤口。小老树以恢复树势为主，应少结果或不结果，待树势转旺后再结果。此外，小老树一般根系衰老，吸收功能差，除深翻、扩穴施肥外，萌芽后还应多次进行

根外追肥，以促进其根系的新根发生。

（三）不同结果状况树的修剪

进入盛果期后，在结果较多时，果实内合成的赤霉素能抑制附近枝梢的花芽分化，使翌年结果较少而形成小年。小年结果少可促进夏、秋梢抽发，又使翌年开花结果多而形成大年。管理不好的果园易出现大小年，如对大小年不及时矫治，则大小年产量的差距会越来越大，甚至形成隔年结果现象。为矫正大小年结果，促其丰产、稳产，从修剪角度来考虑，也有不同的要求：对当年开花结果多的大年树修剪，要求适当减少花量，增加营养枝的抽生；对当年开花结果少的小年树，则要求尽可能保留开花的枝条，保花保果，提高产量。

1. 大年结果后的修剪　李树、杏树在大年结果后，树体消耗养分太大，花芽分化晚，而且数量少、质量差，可直接影响翌年的产量。冬季在加强肥水管理的基础上，合理进行修剪，是调节大小年结果现象和提高翌年产量的重要措施。冬剪时应注意以下几个方面。

（1）**充分保留花芽**　由于大年结果后所形成的花芽数量少、质量差，所以在冬季修剪时，要尽量多保留花芽。为了防止误剪花芽，对辨认不清的枝条，可推迟到春季发芽时进行复剪，其目的是充分利用小年的产量，做到小年不小。

（2）**轻剪结果枝**　当年大量结果以后，一般是中、长果枝较多，短果枝较少，因此对这类结果枝的枝条要进行轻剪。一般短果枝全部保留，以增加结果部位，中、长果枝也要保留，花期可以进行疏花。对有些暂时可以不去的大枝条，冬剪最好不要除掉，留到翌年除去。但对弱枝组可进行回缩更新，以减少开花消耗更多的养分，集中较多营养提高坐果率，保证高产量。

（3）重剪营养枝　　适当多重截、少缓放，以促进果树生长，恢复树势。一般对李树、杏树冠中较多的中、短营养枝，要进行重截修剪，翌年可以抽生更多更壮的发育枝，达到小年以枝换枝的目的。在此基础上，还要根据树势对外围枝进行适度的短截修剪，以促进枝条生长、健壮树势。同时，对细弱枝、重叠枝、交叉枝等，可根据花芽的多少和影响周围枝组的程度，酌情处理。另外，还应根据树体的生长情况，对无花芽的小年枝组进行重回缩，对下垂枝要抬高角度，回缩或疏除。对多年生无花芽的短果枝要更新复壮，以增强树势。

（4）保花保果　　大年过后花果数量减少，要切实加以保护，减少落花落果。在花蕾期、盛花期、花谢2/3时和幼果膨大期用微量元素进行花叶喷雾，可起到良好的保花保果效果。

2．小年结果后的修剪　　李树、杏树在小年结果后，树体消耗养分少，花芽分化早，而且数量多、质量高，翌年的产量又会大幅度增高（图7-34，图7-35）。修剪方法为：①疏剪密弱枝、交叉枝和病虫枝；②回缩衰退枝组和落花落果枝组；③大结果枝组上，去弱留强和短截长枝，保留中等壮枝；④对细弱的无叶枝应多剪除，以减少无效花开放而消耗树体养分；⑤短截果枝增加剪去的花量数，增进发育枝的数量，进行三套枝的培育；⑥疏剪树冠上部中等郁闭大枝，进行所谓的"开天窗"，使光照射入内膛；⑦7月份短截部分结果枝组、落花落果枝组，促抽秋梢，增加小年的结果枝数量；⑧在第二次生理落果结束后进行疏果，先疏畸形果和密生果，最终达到适宜的叶果比，以便缩小大小年差距；⑨对坐果少且新梢多的树，可在花芽生理分化前进行大枝环割促花技术，以增加小年开花量；⑩秋季结合重施肥采取断根或控水等措施，促使花芽分化。冬季或早春对预计花量过多的树喷布赤霉素，以促发营养枝，减少花量（图7-36至图7-41）。

图 7-34　李未疏花疏果

图 7-35　杏未疏花疏果

图 7-36　杏要疏去的花朵

图 7-37　李子疏花前

图 7-38　李子疏花后

图 7-39　杏疏果前

图 7-40　杏疏果后

图 7-41　杏应疏去的果

（四）不同树势的修剪

1. 树势旺长的修剪　一般是主、侧枝垂直角度过小时，内膛不开阔，光照不充足，小枝少而瘦弱，有效短枝少，结果晚，产量低。适当加大主、侧枝的垂直角度，具有的优点如下：①缓和生长势，促进萌芽和增加早期封顶枝；②内膛开阔，空间较大，光照充足，小枝多而充实；③骨干枝易于前后平衡，有利于结果枝组的培养；④下层主枝垂直角度较大地中心干及其上层枝空间也较大，枝量多，生长好，加粗快，不易掐脖，能延长盛果期年限。

一般应在果树 2～3 年生时及早开张主、侧枝角度。4 年生以前基部三主枝适宜的垂直角度为基角 50°～60°，腰角 60°～70°，梢角 50°左右。果树 6 年生以后逐渐开张角度，基角、腰角、梢角各增加 5°～10°，但不能过大，否则会影响侧枝分布，降低下垂枝的利用率；限制骨干枝的顶端优势，使外围枝早衰；树冠不能迅速扩大，树体骨架不牢固，负载能力下降。

开张角度一般是早开比晚开好，撑拉开张比剪锯开张好，夏开比冬开好。开张程度最好是下层比上层大，侧枝比主枝大，强枝比弱枝大。开张角度的主要方法有以下几种。

第一，从整形开始就注意开张角度，即选择方位正、长势壮、垂直角度好的枝芽培养骨干枝，不能先留角度小的去开张。

第二，里芽外蹬。即剪口下第一个芽留里芽，第二个芽留外芽，但夏季应对里芽进行摘心或扭梢控制其长势，否则效果不好。

第三，换头。大枝垂直角度小，难于开张时，可用转主换头、去背上枝留背下枝或去原头留侧生枝的方法确立开张角度。当背上枝或原头的粗度小于背下枝，变成侧生枝时，可一次将其去掉；或者先回缩控制，待 2～3 年背下枝粗度超过原头时再去掉。

第四，内膛多留枝，骨干枝后部背上多留枝，迫使骨干枝头向外部有空间的地方发展，以达到开张角度的目的。

第五，前几年延长枝头适当长留，缓和枝势，有利于开张角度。

第六，用棍棒支撑或用树上生长的临时性枝当活支柱支撑；小枝用绳拉，大枝用铁丝拉；用石头坠压或以果压冠，即前端大量留花留果，结果后自动压开垂直角度。幼树期可在夏季拿枝开张主枝的基角（图 7-42，图 7-43）。

骨干枝尤其是中央领导干，要弯曲延伸，即第一年降低延长枝的角度，第二年抬高延长枝的角度，第三年降低延长枝的角度，第四年抬高延长枝的角度，依次类推（图7-44）。这样，可以阻止水分、养分在地上部和地下部的顺畅交换，从而有效缓和上强下弱的树势，促进各部平衡。此法适用于干性强的品种。

图 7-42　棍棒撑枝

图 7-43　以果压冠

图 7-44　枝干弯曲延伸

　　适当疏剪密生发育枝，尤其旺枝、直立枝；实行轻剪长放，充分利用夏剪成花手段，促进枝势缓和；辅养枝和枝组要轻剪长放，以促进花芽形成。以上方法均可抑制树势旺长。

　　晚春萌芽后修剪，可增加中短枝，有利花芽形成。由于春季萌芽后，树体的储备营养部分已经被萌动的枝芽所消耗，所以一旦将这些枝、芽剪去，下部的芽重新萌发，就会多消耗一些营养而影响自身生长，从而使其长势明显削弱。所以，春剪多用于幼树和旺树，但不宜连年施用。

培养枝组用先轻后重法。把有空间的枝条长放，缓和枝势促进花芽的形成。根据空间的大小来决定在某个分枝处缩剪，有空间多留些分枝，培养大型结果枝组；空间小的少留分枝，培养小型结果枝组；没有空间的，结果后即疏除。树要尽量多留花果，以果压冠更能有效缓和生长势。

在春季萌发期，将部分根系从30厘米土壤中掏出剪断，以削弱根系生长来相应减弱枝梢的强旺生长。

2．树势衰弱的修剪　当树体生长过弱时，可重剪刺激其旺长。延长枝应剪在中部饱满芽处，以强枝带头，逐步抬高延长枝角度，少留背下枝组，以防削弱枝的长势；多留背上及两侧的枝组，促进生长。

枝条角度过于开张、枝势衰弱或主、侧枝前部变弱时，可用抬高角度的办法来增强枝势（图7-45）。方法如下：①选择里芽、上芽短截抬高角度（图7-46）；②选留上枝或多年生枝缩剪到向上生长的分枝处（图7-47）；③垂直角度过大的枝可用木棍顶起来，以促进其生长；④吊枝，即用绳索、铁丝把枝吊起来。

主枝和结果枝过长，生长点过多，所消耗水分供应不足，树体生长势会逐步减弱。因此，修剪时除延长枝应剪在中部饱满芽处，以强枝带头，逐步抬高延长角度外，结果枝还应回缩或重短截，以增加发育枝的数量，来带动生长势向强势方向发展。

萌芽前一定要完成修剪任务。因为春季萌芽后，树体的储

图7-45　回缩到向上分枝

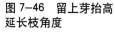

图 7-46　留上芽抬高
延长枝角度

图 7-47　缩到向上分枝

备营养有部分被萌动的枝芽消耗，此时一旦把这些枝芽剪去，下部芽重新萌发会多消耗一些营养并推迟生长，从而使生长势明显削弱。所以，弱树一定要在休眠期修剪。

进行夏季修剪时部分枝叶被减去，会减少果树光合面积，对其生长势有削弱作用。因此，夏季修剪量宜轻一点，在改善通风透光的前提下尽量轻剪，以不刺激旺长或不过分削弱树势为宜。

培养枝组用先重后轻法。将枝条短截，促发多个发育枝。根据空间的大小来决定培养哪种结果枝组类型，有空间的多留些分枝，培养大型结果枝组；空间小的少留分枝，培养小型结果枝组；没有空间的，结果后就疏除。树要适量少留花留果，以减少果实发育而消耗过多的营养物质。

3.平衡树势的修剪

（1）平衡上强下弱的树势

①控上扶下　即对上部枝条要多疏少截，以放为主。当上部过强时，可在距离第一层主枝上段 20 厘米处进行环切或环剥，促进上部形成较多花芽，可使翌年多结果来消耗养分，并以果压枝抑

制树势旺长。在下部主干上尽量多留枝、少疏枝，并适当短截增加发枝数量。短截下部主枝延长枝时要选择在壮芽处剪截，选留上芽或侧芽；若选用外芽，则要将位于背上的芽抹去。对衰弱程度大的枝要抬高枝头，增加枝的生长势。

②因树而异　部位低的基部主枝在树形改造中，要考虑主枝着生部位的上移；同时，将转换掉的主枝重回缩，并在以后逐年回缩直至去掉；重缩或疏除上部过强的辅养枝，减少养分的争夺和抑制上部枝条的生长势。

(2) 平衡下强上弱的树势　下强上弱是指因下部主枝太多形成"卡脖"而影响上部主枝的生长势，使中心干粗度小于主枝。修剪时应首先在下层主枝中确定 2 ~ 3 个方位好的主枝，然后将其他主枝按辅养枝对待，并分期、分批地回缩它们直至疏除；将主枝上的大分枝或"把门枝"回缩或疏除，然后加大所留下主枝的角度。加强必要的夏剪措拖，促进下部枝多成花、多结果来控制生长势 (图 7–48)。

图 7–48　主枝角度开张不够

促进上部主枝的生长，在处理好第一层主枝后，对第二至第三层主枝进行强枝领路，壮芽当头，其上枝条多截少疏，少留花芽少结果。在主干偏斜的情况下，一定要用拉或撑的方法将主干扶正，增加上部生长的优势。

(3) 平衡基部主枝　对生长势较弱的主枝，加强短截量，对延长头、侧枝头均选在饱满芽处短截，除对背上少量的直立旺长枝疏除外，其余枝条均不疏除，少留花芽或不留花芽。此外，还可于开春在该主枝上方 2 ~ 3 厘米的地方进行目伤。采取一切有效措施抬高枝头。

对生长强旺的主枝，要多疏枝、多造伤并疏除竞争枝以及过密的强旺枝，尽量多留花芽，同时在该枝下方进行目伤。夏剪时，在拉大基角的情况下，对这些强旺主枝进行多道环切或环剥，使之多成花、多结果，做到以果控势。

4. 树冠郁闭园（树）的修剪　随树龄增长，树冠扩大，果树会出现封行和树冠内部郁闭等不利因素，使果树光照条件变差，抽枝稀少，顶部枝梢竞相直立生长，导致树冠表面结果且低产。这类树只要树体健壮，那么及早采取改造措施就可使其继续丰产。通常采用伐（移）并结合回缩修剪的方法：①修剪顶部密枝，即将树冠中上部过密遮阴的强枝部分疏除，或缩剪中央主枝的顶部枝组，改善树冠内部光照条件，促生新梢；②冬剪时短截部分 1 年生枝，促使抽生营养枝，以扩大树冠绿叶层；③逐年缩剪间伐（移）树，即树冠封行后，逐年对间伐树下部和留下树交接的大枝进行压缩修剪，以让出空间保证留下的树正常扩大树冠，直至将间伐（移）树实施间伐或移植时止；④间伐（移）后，留下的树按丰产树进行修剪（图 7-49，图 7-50）。

图 7-49　齐头剪易造成郁闭

图 7-50　疏除部分枝

（五）不同品种树的修剪

1. 李 品 种

（1）大石早生　果实卵圆形，平均单果重 49.5 克，最大单果重 106 克；果皮底色黄绿，着鲜红色；果皮中厚，易剥离；果肉黄绿色，酸甜味，微香；可溶性固形物含量约 15%，黏核，核较小；可食率 98% 以上。鲜食品质上等（图 7-51）。

图 7-51　大石早生

树势强。萌芽率 85.1%，成枝率 35.7%。修剪时要多疏少截，1 年生新梢粗壮，夏季注意抹芽、摘心，开张枝条角度，这样有利于花芽的形成和解决内部光照。以短果枝和花束状果枝结果为主。自花不结实，栽培时须配置授粉树，适宜的授粉品种有美丽李、香蕉李、小核李等。

（2）莫尔特尼　果实中大，近圆形；平均单果重 74.2 克，最大单果重 123 克；肉质细软，果汁中少，风味酸甜；含可溶性固形物约 13.3%，黏核；品质中上等。

树势中庸，分枝较多。幼树生长稍旺，枝条直立，结果枝分枝角度大，萌芽率 91.4%，成枝率 12%。以短果枝结果为主，中、长果枝坐果很少。在自然授粉条件下，全部坐单果，坐果率较高，需进行疏花疏果；栽培上可配置索瑞斯、密斯李等品种作为授粉树。栽培上注意培养自然开张形或多主枝杯状树形。

（3）长李15号　果实扁圆形，平均单果重35克，最大单果重65克；果皮底色绿黄，成熟前由浅红色渐变为红色，成熟果

图7-52　长李15号

果色鲜红、艳丽；果肉浅黄色，汁多味香，酸甜适口；可溶性固形物含量约14.2%，离核；品质上等，较耐贮运（图7-52）。

树势较强，萌芽率88.2%，成枝率21.3%；以花束状果枝和短果枝结果为主。栽培上应注意疏花、疏果措施，以便增大果个。栽培时需配置晚黄等授粉品种。在幼树整形修剪中着重开张各类枝条的角度。冬剪时少短截，以疏枝为主。

（4）美丽李　果实近圆形或心形，平均单果重87.5克，最大单果重156克；果皮底色黄绿，着鲜红色或紫红色，皮薄，充分成熟时可剥离；果肉黄色，汁极多，味酸甜，具浓香；可溶性固形物含量约12.5%，黏核或半离核，核小；鲜食品质上等（图7-53）。

树势中庸，树姿半开张。萌芽率74.6%，成枝率19.5%。幼树生长快，1年生枝条健旺，需要培养结果枝组的地方要短截，其余枝条开张角度以缓和枝势、促进花芽的形成。随着树龄的增加，其生长势逐渐缓和。自花不结实，

图7-53　美丽李

需配置授粉树，适宜的授粉品种有大石早生李、跃进李、绥李3号等。

（5）绥棱红　果实圆形，平均单果重 48.6 克，最大单果重 76.5 克；果皮底色黄绿，着鲜红色或紫红色，果点稀疏、较小；果肉黄色，汁多，味甜酸，浓香；含可溶性固形物约 13.9%，黏核，核较小；品质优。

树势中庸，树姿较开张。萌芽率 92.3%，成枝率 34.2%。萌发力和成枝率均高，修剪时要多疏少截，开张枝条角度，减少枝量的形成，改善树体内部的光照。该品种自花不结实，需配置授粉品种，最适宜的授粉品种有绥李 3 号和跃进李。

（6）早生月光　果实卵圆形，平均单果重 69.3 克，最大单果重 95.9 克；果皮底色绿黄，着粉红色；果肉黄色，汁极多，味甜，具有蜂蜜般的香味；含可溶性固形物约 13.4%，黏核，核小；鲜食品质上等。

树势中庸，树姿半开张。1 年生新梢生长较旺，自然斜生，萌芽率 85.4%，成枝率 17.9%。修剪时要注意疏枝，防止外围枝条郁闭。自花授粉结实率低，人工授粉可达 19.7%，最适宜的授粉品种为红肉李。

（7）美国李　果实圆形，平均单果重 70.8 克，最大单果重 110 克；果皮底色黄绿，着紫黑色；果肉橙黄色，味甜酸；含可溶性固形物约 12.0%，离核；可食率 98.1%；品质上等。

树势较强，树姿直立。萌芽率 52%，成枝率 8%，成枝率低。修剪时要注意多短截，以促发较多的枝条来满足前期树冠生长的需要。以中、短果枝和花束状果枝结果为主。

（8）大石中生　果实短椭圆形，平均单果重 65.9 克，最大单果重 84.5 克；果皮底色绿黄，果皮底色金黄、阳面着鲜红色；果肉淡黄色，汁多，味甜酸，具浓香；含可溶性固形物约 13%，黏核；鲜食品质上等。

树势中庸，树姿半开张。1 年生新梢生长较旺，自然斜生，萌芽率 82.1%，成枝率 17.1%。注意多短截，促发枝条来满足前期树冠生长的需要。自花不结实，人工授粉结实率可达 19.8%。最适宜的授粉品种为美丽李。

（9）神农李　果实近扁圆形，平均单果重 82.8 克，最大单果重 100 克；果皮紫红色；果肉淡黄色，汁多，味酸甜，具浓香，含可溶性固形物 10%～11%，离核；鲜食品质上等。

树势中庸，树姿半开张。萌芽中等，成枝率较差，注意多短截，以促发枝条来满足前期树冠生长的需要。1 年生新梢中庸，侧枝分枝角度约 60°。以短果枝结果为主，在良好的栽培管理条件下，可获早期丰产。

（10）帅李　果实圆形或卵圆形，在原产地平均单果重 70 克，最大单果重 100 克；果皮底色黄绿，着紫红色或暗紫红色；果肉淡黄色，汁中多，味甘甜；含可溶性固形物约 16%，黏核；鲜食品质上等。

树势强健，树姿开张。萌芽力强，成枝率中等，枝条分布均匀，树冠充实，潜伏芽萌发较少，要防止内膛光照不足而引起的小枝死亡。以短果枝结果为主，果枝连续结果能力较强，较丰产、稳产。

（11）红心李　果实近扁圆形，平均单果重 50 克，最大单果重 70 克；果皮底色绿，因果肉红色透出，果面有 1/2 为暗红；果肉鲜红色，甜味浓，微酸，微香；含可溶性固形物约 9%，黏核；鲜食品质上等，硬熟期可加工成蜜饯。

树势强，树姿直立。萌芽率 80%，成枝率 19%。修剪时适当多截少疏，新梢生长中庸。以短果枝和花束状果枝结果为主。自花结实率低，以黄蜡李为授粉树。

（12）玉黄李　果实近圆形，平均单果重 60 克，最大单果重 85 克以上；果皮黄色；果肉黄色，汁中等多，微甜微酸，香气浓；含可溶性固形物 10%～14%，离核；可食率 97.4%；品质上等。

树势中庸或较弱，树姿半开张。萌芽率高，成枝率低，修剪时多截少疏，结果枝连续结果能力强，以短果枝和花束状果枝结果为主。

（13）芙蓉李　果实近圆形，平均单果重58克，最大单果重80克；果皮底色黄绿，着紫红色；果肉紫红色，汁多，味甜微酸；含可溶性固形物约12.8%，黏核或半黏核；鲜食品质上等（图7-54）。

图7-54　芙蓉李

树势强，树姿开张。主枝斜生，不具层次，修剪时注意保持合理角度。芙蓉李适宜在比较湿润的环境下生长。以毛桃为砧木，亲和力好，生长快，结果早。

（14）黑琥珀李　果实扁圆形，平均单果重101.6克，最大单果重158克；果皮底色黄绿，着紫黑色；果肉淡黄色，充分成熟时果肉为红色，味酸甜，汁多，无香气；含可溶性固形物约12.4%，离核，汁少；品质中上等（图7-55）。

图7-55　黑琥珀李

树势中庸，树姿不开张。修剪时注意开张角度，缓和树势；可以适当多截，培养较多枝组，其中以短果枝和花束状果枝结果为主。

（15）里查德早生李　果实长圆形，平均单果重41.7克，最

图 7-56　理查得早生李

大单果重 53 克；果皮底色绿，着蓝紫色；味酸甜，汁多，微香；含可溶性固形物约 14.5%，离核；品质中等（图 7-56）。

树势强，萌芽率 72%，成枝率 14%。修剪时可以适当多截，培养较多的结果枝组；注意开张角度，缓和树势。以短果枝和花束状果枝结果为主。

（16）龙园秋李　果实扁圆形，平均单果重 76.2 克，最大单果重 110 克；果皮底色黄绿，着鲜红色；果肉黄色，多汁，味酸甜，微香；含可溶性固形物 14.8%～16%，半离核；品质上等（图 7-57）。

树势强壮。萌芽率 86%，成枝率 11.7%。修剪时可以适当多截，培养较多枝组，注意开张角度，缓和树势。以短果枝和花束状果枝结果为主，自花不结实，栽植时必须配置授粉品种，授粉品种以长李 15 号、绥棱红、跃进李和绥李 3 号等为好。

图 7-57　龙园秋李

（17）大玫瑰李　果实卵圆形，平均单果重 53.7 克，最大单果重 74.5 克；果皮底色绿黄，着鲜红色，果点黄色，小而疏；果肉黄色，汁多，味酸甜，有香气；含可溶性固形物约 12.85%，离核；鲜食品质上等（图 7-58）。

图 7-58 大玫瑰李

树势强健，较直立。萌芽率 67.2%，成枝率 23.5%。修剪时少短截，多疏并生枝，注意枝条开张角度。自花结实率 10.7%，人工授粉结实率可达 31.5%，且果个明显增大，适宜的授粉品种为晚黑和耶鲁。

（18）黑宝石李　果实扁圆形，平均单果重 72.2 克，最大单果重 127 克；果皮紫黑色，无果点；果肉黄色，汁多，味甜；含可溶性固形物约 11.5%，离核；品质上等。

树势强，直立。萌芽率 82.5%，成枝率 15%。修剪时可以适当多短截，培养较大的枝组；注意开张角度；以长果枝和短果枝结果为主。

（19）澳大利亚 14 李　果实圆形。平均单果重 100 克，最大单果重 183 克；果皮底色绿，着紫红色，果点灰褐色、较小；果肉红色，汁多，味酸甜，微香；可溶性固形物含量约 13.7%，核小，半离核；鲜食品质中上等。

该品种树势强，枝条直立，萌芽率 80%，成枝率 11.4%。修剪时可以适当多短截，培养较大的结果枝组，注意开张角度。盛果期的树可以疏除部分花束状果枝，以调节当年的结果量，为翌年丰产打下基础。自花受粉结实率可达 20.5%，异花授粉产量更高，适宜的授粉品种有黑琥珀。避免在多雨潮湿的地方建园。

（20）秋姬李　果实长圆形，平均单果重130克，最大单果

重可达200克以上；果面完全着色后呈浓红色，其上分布黄色果点和果粉；果肉厚，味浓甜且具香味，含可溶性固形物约18.5%，离核；抗病耐贮等优点突出（图7-59）。

图7-59　秋姬李

　　　　树势强旺，树姿直立，分枝力强。幼树生长旺盛，新梢生长较直立，应注意开张枝条角度。进入盛果期后，随着结果枝条逐渐开张，萌芽率90.1%，成枝率29.4%。成年树短果枝和中、长果枝均可结果，但以花束状果枝和短果枝结果为主。秋姬李自花授粉坐果率较低，需按5∶1配置授粉树，可选密斯李、佛莱索、玫瑰皇后等为授粉品种。

　　（21）安哥里那李　果实扁圆形，平均单果重102克，最大单果重178克；果实开始为绿色，后变为黑红色，完全成熟后为紫黑色；果肉淡黄色，汁液丰富，味甜，香味较浓；可溶性固形物含量约为15.2%，果核极小；品质极上乘。果实耐贮存，常温下可贮存至翌年元旦。

　　树姿开张，树势稳健。萌芽率高，成枝率中等，以短果枝和花束状果枝结果为主，分别占结果枝量的35.6%和47.5%。该品种幼树生长快，新梢当年生长量在1.5米左右，具有抽生副梢特性，注意多疏少截枝条，再结合夏季修剪，当年可形成稳定的树体结构。进入盛果期后应注意疏花、疏果，并全部留单果，以保

证果个均匀。适宜的树形有开心形或自然圆头形。需配置授粉树，适宜的授粉品种为凯尔斯、黑宝石、索瑞斯。

(22) 秋香李　果实卵圆形，平均单果重 60.9 克，最大单果重 100 克；果皮紫红色；果肉橘黄色，汁液中多，风味酸甜，香味浓；可溶性固形物含量为 13.1% ～ 18%，半离核。在辽宁普兰店，果实 9 月下旬成熟，成熟期比原品种香蕉李晚 50 多天，果实发育期 150 天左右。具有极晚熟、自花结实、丰产、稳产、外观美丽、品质优良并耐贮运等特点。

2. 杏品种

(1) 早金蜜杏　果实近圆形，平均单果重 60.2 克，最大单果重 80.3 克；果皮橙黄色；肉橙黄色，肉质细软，汁液多，味浓甜芳香；可溶性固形物含量约 14.6%，离核；品质上等。

树势健壮，树姿开张。萌芽率高，成枝率低，1 年生枝条粗壮，节间较短。自然结实率高。过长的花枝要回缩，对于过弱的花枝花前要短截，以促进萌发营养枝，保证当年果实有充足的营养。可采用主干疏散分层形。定植后 80 厘米左右定干，当年选择方向及角度合适的 3 ～ 4 个枝作为主枝，开张角度到 70°左右，当主枝生长到 50 厘米时要及时摘心，以促进分枝，增加级次，提高树体的负载量。中心干长到 80 厘米也要摘心，选择与下面主枝方向不重叠、选留 2 个作为主枝。其他枝作为辅养枝，把辅养枝拉到 80°～ 90°，待生长至 30 ～ 40 厘米时进行连续摘心，以促进花芽的形成，早结果。

(2) 新世纪杏　果实卵圆形，平均单果重 68.2 克，最大单果重 150 克；果皮底色橙黄，着粉红色；肉质细，味酸甜，香味浓，味酸甜适口；含可溶性固形物约 15.2%，离核；品质上等（图 7-60）。

该品种具有树冠开张、枝条自然下垂、萌发率高、成枝率低的特点，修剪时主枝可通过多次摘心来增加主枝的负载能力，延

图 7-60　新世纪杏

长头和大枝组要保持一定角度，以防枝头下垂生长势衰弱。自花结实率 4%，以短果枝结果为主。

（3）**甘玉杏**　果实圆形，果个中大，平均单果重 49.5 克，最大单果重 65 克；果皮底色黄白，阳面着鲜红晕；果肉黄白色，充分成熟后柔软多汁，风味酸甜，香气浓；可溶性固形物含量约 13.04%，黏核；鲜食品质上等（图 7-61）。

树势中庸，萌芽率 29.73%，成枝率 8.11%，副梢较多且着生部位较高，以短果枝和花束状果枝结果为主。可用骆驼黄、金太阳、串枝红按 3：1 的比例配置授粉树。

图 7-61　甘玉杏

（4）**骆驼黄杏**　果实圆形，平均单果重 49.5 克，最大单果重 78 克；果皮底色橙黄，阳面着红色；果肉橙黄色，汁中等多，味甜酸；可溶性固形物约 11.5%，黏核；品质上等。

树姿半开张。萌芽力较弱，成枝率强；枝条直立，密度中等；以短果枝和花束状果枝结果为主。栽培时必须配备适宜的授粉品种，如麻真核占屯红杏、英吉沙杏、华县接杏、临潼银杏等。一般每个短果枝留 1 ~ 2 个果、花束状果枝留 1 个果。

（5）**丰园红杏**　果实卵圆形，平均单果重 62 克，最大单果重 110 克；果皮阳面浓红色；果肉较硬，汁液多，可溶性固形物含量约 13.29%，离核。果实在室温下可以存放 7 天，较抗碰压，耐运输。在西安果实 5 月 23 日成熟，果实发育期 57 天左右（图 7-62）。

图 7-62　丰园红杏

树姿半开张，生长势强健。当年生枝容易形成花芽，幼树生长期经多次摘心后，第二年副梢可大量结果；成年树长、中、短果枝均能正常结果。5 年生树花束状果枝占 4%，短果枝占 39%，中果枝占 32%，长果枝占 25%。花芽起始节位第二节，单花芽和复花芽比例为 17：83，完全花占 92%，自然坐果率 32.4%，自花结实率 4%，生理落果轻。建园时配置授粉树约占 20%。

（6）金太阳杏　果实近圆形，平均单果重 66.9 克，最大单果重 87.5 克；果面金黄色至橙红色，极美观；果肉黄色，汁液较多，果实完熟时可溶性固形物含量约 14.7%，离核（图 7-63）。

树姿开张，树体较矮。生长势中庸，幼树枝条 1 年中可有春梢、夏梢、秋梢 3 次生长，枝条易下垂。萌芽力中等，成枝率强，幼树轻剪可抽生较多的短枝，夏季短截可以抽生 2 ～ 3 个长枝。幼

图 7-63　金太阳杏

树以中、长果枝结果为主，占果枝总量的80%，短果枝占12%，花束状果枝占8%。花芽分化质量较高，雌蕊败育花率较低，需配置授粉品种。

（7）金香杏　果实近圆形，平均单果重100克，最大单果重180克；果皮橙黄色，阳面有红晕；果肉金黄色，汁多，味浓香甜；可溶性固形物含量约13.2%，离核；品质上等。

树势生长健壮，树姿开张。萌芽率49%，成枝率32%。以短果枝和花束状果枝结果为主。

（8）白砘轱杏　果实圆形，端正，平均单果重47.8克，最大单果重65克；果皮底色黄白，彩色红晕；果肉黄白色，完熟后柔软多汁，可溶性固形物含量平均为15.45%，风味酸甜浓厚，有香气；鲜食品质极上乘。

树冠圆头形，树姿开张；生长势中庸，树体健壮，树冠成形快。长、中、短果枝均可结果，但以短果枝和花束状果枝结果为主。花芽形成容易，幼树开始结果早，连续结果能力强，无隔年结果现象。

（9）山农凯新1号杏　果实近圆形，平均单果重50.6克，最大单果重68克，果面橙红色；肉质细，汁液中等多，香味浓，味甜；含可溶性固形物约15.5%，离核；品质优。

树冠开张，萌芽率及成枝率均较高，易形成短果枝。早果性极强，幼树定植或高接第二年就能开花结果。幼树长、中、短果枝均坐果良好，3年生以上树以短果枝结果为主。山农凯新1号的自花结实率高达25.9%。

（10）山农凯新2号　果实近圆形，平均单果重108.6克，最大单果重130克；果实整齐度高，果面光洁，底色为黄色，阳面具红色；肉质细，汁液中多，具香味，味甜；离核；品质上等。在山东泰安地区6月上旬成熟，果实发育期65～70天。

树势强，枝条较直立。萌芽率及成枝率均较高，易形成短果枝；早结果性强，幼树定植或高接第二年就能开花结果。幼树长、中、短果枝均坐果良好，4 年生以上树以短果枝结果为主。

（11）凯特杏　果实长圆形，平均单果重 105.5 克，最大单果重 138 克；果面橙黄色，阳面着红晕；果肉金黄色，汁中等多，味甜；含可溶性固形物约 12.7%，离核。

此品种成花早、花量大、具有自花结实能力，早实、丰产、稳产。此品种是保护地和露地栽培的适宜品种之一（图 7-64）。

（12）玛瑙杏　果实圆形，果顶圆平，平均单果重 55.7 克，最大单果重 98 克；果皮底色橘红色，阳面着片状红晕；果肉橘黄色，汁液中多，芳香味浓，味酸甜；可溶性固形物含量约 12.5%，离核；品质上等（图 7-65）。

图 7-64　凯 特 杏　　　　　图 7-65　玛瑙杏

树姿较直立，结果后树姿开张。幼树生长势旺，萌芽力、成枝率中等；易成花，坐果率高；极丰产，适合密植栽培。

（13）冀光杏　果实圆形，平均单果重 58.3 克，最大单果重 70 克；果实底色橙黄，阳面有红晕；果肉橙黄色，汁液中多，味酸甜，有香气；可溶性固形物含量约 12.92%，离核；品质上等（图 7-66）。

树势强，树姿开张，枝条斜生，萌芽率高，成枝率低，以短果枝和花束状果枝结果为主。可用大丰杏、甘玉杏、香白杏按 3∶1 的比例配置授粉树。

（14）向阳荷包杏　果实扁圆形，平均单果重 125 克，最大单果重 154 克；果皮底色橙黄，向阳面有红色果点；果肉橙黄色，风味甜酸适度，香味浓郁，多汁，离核；品质上等。

树势强，树姿开张，枝条斜生，萌芽率高，成枝率低，以短果枝和花束状果枝结果为主。萌芽率 32%，成枝率 8%。

（15）仰韶黄杏　果实卵圆形，平均单果重 87.5 克，最大单果重 131.7 克；果面黄色或橙黄色，阳面着 2/3 红晕；果肉橙黄色，汁多，甜酸适度，香味浓郁；可溶性固形物含量约 14%，离核；品质上等（图 7-67）。

图 7-66　冀 光 杏　　　　　　图 7-67　仰韶黄杏

树势强，树姿半开张。萌芽力、成枝率均高，以短果枝结果为主。坐果率 25%，萌芽率 35%，成枝率 20%。

（16）金皇后杏　果实近圆形，平均单果重 81 克，最大单果重 100 克；果面金黄色，部分果阳面有红晕；果肉橙黄色；黏核。初采果在室温下存放 5～7 天后，果实开始变软，汁液增多，杏味增浓。在室温下可存放 2 周，品质上等。

树势中庸偏弱，萌芽力、发枝力中等，以花束状果枝和短果枝结果为主。

(17) 巴斗杏 果实近圆形，平均单果重 55.2 克，最大单果重 82 克；底色淡黄，阳面有鲜红霞；果肉橘黄色，汁中等，酸甜适口，有香气；可溶性固形物含量达 14%，离核；品质上等。

(18) 兰州大接杏 果实长卵圆形，平均单果重 84 克，最大单果重 180 克；果皮黄色，阳面红色，有明显的朱砂点；果肉金黄色，汁中等多，味浓，可溶性固形物含量达 14.5%，离核或半离核；品质极上乘。

树势强健，树姿半开张。萌芽率 65%，成枝率 37.5%。以短果枝和花束状果枝结果为主。适应性强，丰产性好。

(19) 孤山杏梅 果实长卵圆形，平均单果重 53.2 克，最大单果重 120 克；果皮橙黄色，阳面 1/3 红色；果肉黄色，汁中等多，味酸甜，有香味；可溶性固形物含量约 12.9%，离核；品质极上乘。

树势中庸，树姿开张。萌芽率 56%，成枝率 14.8%。1 年生枝较粗壮、斜生，以短果枝和花束状果枝结果为主；抗寒性强，抗旱性差，较丰产。

(20) 红金榛杏 果实近圆形，平均单果重 71 克，最大单果重 167 克；果皮橙红色；果肉橙红色，味酸甜，有香气；可溶性固形物含量约 13.9%，离核；品质上等。

树势较强，树姿开张，萌芽率和成枝率均高。初果期中、长果枝较多，盛果期以短果枝结果为主。适应性较强，抗寒、抗旱、丰产性均强。

(21) 阿克西米西杏 果实长卵圆形或椭圆形，平均单果重

20.2克；果皮白色或绿白色；果肉黄白色或绿白色，汁中等多，味甜微酸，有香气；含可溶性固形物约19%，离核。

树势强健，树姿半开张，呈半圆形。萌芽率72%，成枝率26%。以短果枝和花束状果枝结果为主。适应性强，抗寒耐旱耐瘠薄，丰产性好。

（22）关爷脸杏　果实扁卵圆形，平均单果重66.4克，最大单果重79克。果皮橙黄，阳面鲜红。果肉橘黄色，汁中等，甜酸适口，半离核；品质上等。

树势强，树姿直立。萌发率49.3%，成枝率55%。此品种分布较广，适应性、抗寒、抗旱能力均强。

（23）克玫尔苦曼提杏　果实长圆形，平均单果重27.8克；果面、果肉均为橘红色；果肉厚，味甜，离核；品质上等。

树势强健，树姿直立；枝条密集，柔软。易成花，坐果率高，丰产性强，为优良的制干和取仁品种。

（24）意大利1号杏　果实近圆形，平均单果重39克，最大单果重54克；果皮较厚，橘黄色；汁液中多，香甜，可溶性固形物含量约14%，半离核。该品种为优良的鲜食、加工兼用品种。

树势强健，树姿开张，树冠呈半圆形。萌芽力高，成枝率低；树冠内枝条稀疏，层性明显。枝粗壮，节间短，节部叶柄痕处稍膨大突起；易成花，结果早，极丰产。完全花比率高，2年生幼树雌蕊退化花仅占4.6%，自然坐果率41.2%。适应性强。

（25）大棚王杏　果实长圆形或椭圆形，平均单果重120克；果面底色橘黄色，阳面着红晕；果肉黄色，汁多，香气中等，可溶性固形物含量约12.5%，离核；品质中上等。

树姿半开张，树势中庸健壮。萌芽力、成枝率中等，各类果枝均能结果，以短果枝结果为主；成年树短果枝占果枝总量的85%以上，中、长果枝和花束状果枝占15%左右。花器发育完全，退化花比例少，需配置授粉树。易成花，花量大，坐果均匀，易立体结果，产量高。

（26）三原曹杏　果实斜阔圆形，平均单果重 71.8 克；果皮黄色，着红色；果肉橙黄色，汁多，味甜，味浓香，品质极上乘；含可溶性固形物约 10.4%，黏核。

树势壮。萌芽率 44%，成枝率 70%。以中、短果枝结果为主。1 年生新梢平均长 75.5 厘米，枝茎粗 1 厘米。修剪时要注意少短截，疏去多余的枝条，多采用拿枝、别枝的方法来缓和生长势。

（27）沙金红杏　果树扁圆形，平均单果重 45 克，最大单果重 65 克；果皮底色橙黄色，阳面鲜红或紫红；果肉橙黄色，汁多，味酸甜，品质上等；可溶性固形物含量约 13.6%，半离核。

树势中庸，树姿开张。萌芽率 53%，成枝率 44%。以花束状果枝结果为主。适应性强，较丰产。

（28）串枝红杏　果实卵圆形，平均单果重 52.5 克，最大单果重达 85 克；果面底色橙黄，阳面紫红晕；果肉橘黄色，汁液少，味酸甜；含可溶性固形物约 11.4%，离核。

树势中强，树姿开张。萌芽率 44%，成枝率 6%。以花束状果枝结果为主。由于成枝率低，修剪时要适当地多短截，促发足够量的枝条。满足树体营养生长的前提下，控制枝条的营养生长，促进生殖生长，以便果树及早进入丰产期。

（29）临潼银杏　果实圆形，平均单果重 70 克，最大单果重 100 克；果面淡乳黄色，阳面着红色；果肉橙黄色，汁多，酸甜，味浓；含可溶性固形物约 14%，半离核；品质上等。

树势强健，树冠紧凑，半开张。萌芽率 56%，成枝率 32%。以中、短果枝结果为主。萌发率和成枝率都很强，修剪时要注意多疏少截，防止外部枝条过多，影响树体内部的光照。

（30）龙王帽杏　果实长椭圆形，单果重 20～25 克；果面黄色，阳面微有红晕；果肉较薄，汁少，风味酸，不宜鲜食，离核。

树势强健，树姿半开张。萌发率64%，成枝率26%；1年生枝生长旺盛，幼树成形快，成花容易，以花束状果枝和短果枝结果为主。

（31）一窝蜂杏 果实长圆形，单果重10～15克；果面黄色，阳面有红色斑点；果肉薄，汁少，味酸涩，不宜鲜食，离核。

树势中庸，树姿半开张。萌发率94%，成枝率16%。枝条比龙王帽细密，易形成串状枝组，结果多而密；以花束状果枝和短果枝结果为主。

图7-68 超仁杏

（32）超仁杏 果实长椭圆形，平均单果重16.7克；果面、果肉橙黄色，肉薄、汁极少，味酸涩，离核（图7-68）。

此品种抗寒、抗病能力均强，能耐−34.5℃～−36.3℃的低温；最适宜的授粉品种为白玉扁、丰仁等，是有发展前途的抗寒、丰产、稳产、质优仁用杏优良新品种。

（33）丰仁杏 是一窝蜂的株选优系。果实长椭圆形，平均单果重13.2克；果面、果肉橙黄色；肉薄，汁极少，味酸涩，不宜鲜食，离核。

树势弱，树姿半开张。萌发率73%，成枝率43%。修剪时多疏少截，1年生枝条粗壮，易成花。以花束状果枝和短果枝结果为主。

（34）国仁杏 一窝蜂的株选优系。果实扁卵圆形，平均单果重14.1克，离核（图7-69）。

树势中庸，树姿开张。萌发率55%，成枝率50%。枝条易形成花芽，修剪时多疏少截。以花束状果枝和短果枝结果为主。

（35）北山大扁杏 果实扁圆形，单果重17.5～21.4克；

图7-69 国仁杏

果面、果肉橙黄色，汁少，离核。

树势强健，树姿半开张。萌发率强，成枝率弱。修剪时多截少疏，1年生枝条粗壮，易成花。以花束状果枝和短果枝结果为主。

（36）优一杏 果实圆球形，平均单果重9.6克，离核。花期和果实成熟期比龙王帽迟2～3天，花期可短期耐－6℃的低温，丰产性好，有大小年结果现象。

树势中强，树姿半开张。萌发率94%，成枝率高。以中、短果枝和花束状果枝结果为主。

（37）迟梆子杏 果实扁圆形，平均单果重20克；果皮浓黄色，阳面红色并有红色斑点，果肉黄色，味甜，离核。

树势强，树姿半开张。萌发率51%，成枝率27%。修剪时多疏少截，1年生枝条粗壮，易成花。以短果枝和花束状果枝结果为主。

（六）促进早期丰产的修剪技术

1. 增加枝叶量 杏幼树枝增长慢，应运用各种修剪方法尽量增加枝叶量。主、侧枝上的各种枝条，不作延长枝的，一般不要疏掉。空间小的先缓放成花，后回缩成枝组；空间大的先短截促分枝，再缓放成花结果，形成大、中型枝组；旺长的直立枝、徒长枝和直立的竞争枝，一般也不疏除，而是在5月份枝软时拿倒，使其填充空间，改造结果。增加枝叶量除可增加早期产量外，还可以促进主、侧枝增粗。

综合运用修剪技术进行轻剪、拉枝和变向技术，充分利用促花技术，提倡适度密植，并采用新树形充分利用要淘汰的或被换掉的领导干、主枝延长枝以及各类辅养枝，采用促花措施早结果。

2. 开张幼树骨干枝角度　主枝自然开张生长的李树，其主枝开张角度只有30°～40°，使侧枝、辅养枝无处伸展，通风透光不良，影响李树早成花、早结果。角度小、极性强是李树的特性之一。所以，整形时的开张角度，特别是第一层三大枝的角度，是整形修剪中的重要措施。

第一，定植当年拉开嫩梢。定植当年夏季新梢尚未完全硬化之前，用绳子拉开新梢60°～70°。这样处理省力、效果好，尤其是基角的拉开。整形时，基角拉开容易选择侧枝，盛果期负荷能力强。1～3年生树以短截为主，长留多打头，主、侧枝要在饱满芽处短截，有空间的辅养枝轻短截。一般中心干延长枝头剪留下的分枝可中短截2～3个，主枝头剪口下的分枝中短截1～2个，以迅速增加分枝，促进新梢生长，扩大树冠，形成足够小枝。同时，缓放部分小枝，疏去个别徒长枝。

第二，3～4年生树拉开主枝角度。主枝延长枝可连续轻剪，剪留长度可在70厘米以上。3～4年生树，主枝尚未明显加粗，容易拉开，可在萌芽后当枝干柔软时，由绳子一次性拉开；1～2年树后主枝角度可以固定。运用这种方法的前提是幼树新梢生长量大，每年主枝剪留得长，一般不少于70～80厘米。李树的枝干比较脆硬，一年中适宜拉枝的时间短，最适期在5月份。一般品种开张的角度为60°～70°，软干品种如金太阳等主枝角度开张为 45°～50°。

第三，逐年里芽外枝。主枝的延长枝冬剪时，剪口芽留里芽，以第二个向外的芽作为延长枝的芽。这种方法适宜于自然生长较开张的品种，如恐龙蛋李等。

第四，轻剪缓放，逐年对背后枝换头。以轻剪缓放为前提，把换头的时间推迟到结果期进行，使开张角度和结果两不误。做法：①幼树期对直立不开张的主枝先轻剪缓放，并注意选留背后枝，并年年短截培养。②待4～5年生果树进入初盛期，再缩剪原直立的枝条，进行背后枝换头。但换头时须注意留辅养橛，防止一次从基部锯除，使主枝劈裂。枝干较软的品种如恐龙蛋李，可利用果实负荷调整枝势，特别是在腋花芽的梢头压果开主枝角度时。③到盛果后期枝干开张时，不断选背上枝抬高角度。

3．控制中心领导干过强生长　李树的极性容易造成中心领导干过强的标志是：中心领导干的粗度明显大于基部三大主枝的粗度，向高处生长过快，树冠高窄；第二、第三层主枝的枝叶量大，枝展接近第一层主枝。控制的办法：①对成枝率强的品种，可以每年小换头或每隔1～2年换头1次，使中心领导干弯曲上升；对成枝率差的品种，可以把原头压倒，另培养新头。②对第二层主枝以上部位不留大辅养枝，辅养枝过多的多疏除。③对第二层主枝以下的部位增加果实负荷，使其多结果以缓和生长势。

4．建立稳定的结果枝组　李树大型枝组较少，应多利用长枝短截再缓放的办法改造辅养枝，培养大型结果枝组，特别是主枝下部应多培养大型枝组。李树短果枝群较多，有些品种以短果枝群结果为主。因此，要及时细致修剪，防止分枝过多，密挤老化，以竞争枝当头等。李幼树和初结果树要多利用长枝缓放形成花芽结果。李树背上枝生长势强，大、中型结果枝组不宜在背上多留，应多留两侧枝组，防止树上长树。

5. 促花措施 李树结果晚的一个重要原因是修剪过重，尤其是幼树只着重整形而造成全树旺长，形成的短枝很少。修剪时必须扭转这种现象。

（1）轻剪缓放 据在黑宝石树上试验，对 35～130 厘米的长枝缓放，当年有 70%～80% 的中、短枝形成花芽，有的甚至促生腋花芽。如采用轻剪缓放，旺枝拉平，30～40 厘米的枝不剪，则其比重剪的树增产 2～3 倍。强旺枝缓放应注意角度、部位，与主枝延长枝、平行枝、竞争枝应加大角度，影响整形的可以从基部疏除或重回缩。

（2）拉枝促花 李树枝干比较脆，拿枝不如拉枝效果好，拉枝是在轻剪缓放的基础上进行的。通过拉枝可增加枝量，改变枝类组成，提高中、短枝比例，增大叶面积，提高成花比例。黑宝石、李王等拉枝效果好，拉枝的适宜期为芽萌发后初展叶时进行。拉枝过早枝条脆硬易折断；拉枝过晚对已成形的短枝叶片无促进生长作用，有时刺激再萌发，反而不利于成花。

（3）环剥和环剥倒贴皮促花 环剥和环剥倒贴皮是有效的促花措施。生产中一般在新梢停止生长后，雨季到来之前的 5 月下旬至 6 月上中旬环剥。大石早生第一次环剥的干周粗度应在 13 厘米以上。环剥宽度为干周的 1/15～1/10，如 3～4 年的幼旺树，干周 15 厘米，环剥宽度可在 1 厘米左右，中等树略窄。如用环剥倒贴皮，其环剥皮的长度量与促花效果呈正比。

（4）竞争枝的处理 李幼树期间生长旺盛，对各级骨干枝的延长枝短截后，由剪口下发生的第二枝常与第一枝生长强度相似，会与第一枝竞争，所以称其为竞争枝。如果对竞争枝重短截，使其顶端高度降低，而对第一枝剪留得长，使顶端明显高于竞争枝的剪留高度，那以后由竞争枝发生的新梢生长势就有可能相对减弱，而由延长枝发出的新梢生长势可能相对增强。但修剪不当也

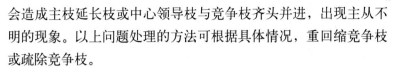

会造成主枝延长枝或中心领导枝与竞争枝齐头并进，出现主从不明的现象。以上问题处理的方法可根据具体情况，重回缩竞争枝或疏除竞争枝。

促缓结合是幼树和初果期树修剪的重要原则。所谓"促"就是通过修剪措施促进枝条生长与树冠扩大；所谓"缓"就是轻剪缓放与缓和树势。促缓结合既能增加果树枝叶量，迅速扩大树冠，又能缓和枝势、树势，增加小枝数量，促进花芽形成，早结果、早丰产，做到长树、结果两不误。

盛果期的树短截与缓放并重，无用枝在细小时就疏掉。中小枝、平斜枝、下垂枝缓放，加速向结果方面转化。主、侧枝头、中心干延长枝轻短截跑单条，外围分枝重疏轻截少甩头，其余枝条大部分缓放 2 ~ 3 年，以缓和树势，促进花芽形成。直立旺盛的徒长枝，应疏掉；通过打短橛或人工拿枝、环刻、环剥，以控制枝条旺长。生长枝中庸的不打头，待缓放出花后留中庸枝结果，总的修剪量要轻，宜长留长放，扩大树冠。轻剪长放是在培养健壮骨架的基础上进行的，不是不要树形，也不是强调树形，而是做到有形不死、无形不乱，实现早产、丰产、优质的目的。

（七）整形修剪常遇的问题

1. 冬剪应注意的问题　因品种和单株间生长情况的差异，在整形修剪时，不要机械地套搬某种树形，把大树改成小树。应采取因树修剪、随枝造形的原则，只要通风透光良好，各主、侧枝之间合理布局，树势生长健壮，达到早实、高产、稳产、优质即可。

第一，对大枝（骨干枝等）进行剪截时，由于冬天伤口干裂，不易愈合，易招致病菌寄生，造成朽烂和流胶，所以此法宜在早春萌芽时进行，并且在剪口上留 2 ~ 3 厘米长的残桩，以利伤口的愈合和剪口下第一芽的萌发和成枝。锯口要用利刀削平，最好涂以铅油或黏泥，保护伤口（图 7-70，图 7-71）。

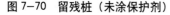

图 7-70　留残桩（未涂保护剂）　　图 7-71　留残桩（涂保护剂）

　　第二，幼树期和初果期，延长枝等短截过重时易发粗枝，造成生长势过旺，无效生长量过大；短截过轻时，剪留枝下部芽不易萌发，会形成下部光秃现象。因此，幼树在整形时期，延长枝短截应以夏剪为主，即在 5～8 月份进行。此期通过对当年生枝进行抹梢、摘心、拿枝、拉枝等方法，在 1～2 年间迅速增加分枝，扩大树冠，使果树尽快成形，早日结果。

　　第三，对成枝率低、萌芽力强的品种，如李子品种的黑宝石、澳李 14、理查德早生，仁用杏的一窝蜂、龙王帽、白玉扁等，幼树在 1～2 年间应采取适当短截的办法，促生分枝，增加枝量，使其树体迅速成形（图 7-72，图 7-73）。定植第三年后要避免重剪，而是主要采用对长枝和结果枝组进行缓放的办法，尽量多形成短果枝；中期和后期回缩更新，恢复生长和结果能力。仁用杏结果枝寿命多为 3～5 年，要使其丰产、稳产必须注意长枝和结果枝组的培养和更新，以免结果部位外移。待果树连续结果 20 年左右开始衰老时，可将结果枝组回缩到多年生枝上，更新复壮。

图 7-72　澳李 14

图 7-73　理查德

2. 夏剪应注意的问题　果树夏季修剪是果树周年管理中极为重要的一个技术环节，合理修剪能调节果树营养生长与生殖生长的关系，确定合理的负载量，克服大小年现象，延长果树寿命等。李树、杏树的修剪也不例外，不同时期李树、杏树的修剪方法和策略不同。

第一，在整形过程中，对竞争枝的处理是至关重要的。为了减少无效生长量，使骨干枝主次分明，竞争枝宜在当年生长季采用摘心、抹梢或拉枝的办法及早处理，以便提早形成结果枝组或短果枝结果（图7-74）。

图 7-74　拉平竞争枝

139

第二，夏剪对李树、杏树幼龄期快速成形非常重要，不要错过时机。我国中部地区，在6月上中旬，当新梢长到60～70厘米时，即可在50厘米左右处对其摘心，促发二次枝，以增加枝量，扩大树冠。到7月上中旬，应选择方位、角度和长势适宜的枝条作为永久性主枝，拉成50°～60°角，其余主枝拉成90°角作辅养枝。有空间时主枝上的直立旺枝通过反复摘心控制，可以培养成结果枝组；过多过密时则应予以疏除。这样，在肥水充足的前提下，果树定植当年即可形成小树冠。

八、低产李园、杏园的改造

（一）李园、杏园的低产原因

目前我国各李树、杏树产区，特别是老产区普遍存在着不同程度的低产果园。这些果园产量低而不稳，有的甚至几年才有一次收成，经济效益很低。引起李树、杏树低产的主要原因及改造办法如下。

1. 品种本身丰产性差 由于品种内在的遗传物质的作用，使得不同品种的丰产性在客观上存在着一定的差异。例如，巴斗杏、串枝红、龙王帽，国外引进的凯特杏、玛瑙杏等，坐果率均在50%以上，均具有较强的丰产性，而麦黄杏、巴旦水杏等，丰产性极差，其坐果率分别为0.5%和0.9%。故品种固有的丰产性能决定了李树、杏树产量的高低。

2. 授粉品种配置得不合理 由于我国杏生产中，大部分品种均具有自花不实或结实率较低的特性，因此，杏园中若没有授粉品种，或授粉品种比例太小，或其与主栽品种杂交的亲和性不强及授粉品种的花粉量少，或花粉生活力弱等都会直接影响杏树的产量。

3. 栽培管理水平差 管理粗放，放任生长，不结果不管理，或是修剪过重，长势过旺等也是造成杏低产的主要原因之一（图8-1，图8-2）。

图8-1 管理粗放的杏园

4. 花期受冻害　杏树开花较早，杏花和幼果对早春的低温和变温幅度很敏感。一般而言，$-15℃ \sim -10℃$会使解除休眠的花芽发生冻害，$-2℃ \sim -5℃$花器官会遭受冻害，$-1℃$幼果会脱落。因此，花期遇霜冻，会造成严重减产（图8-3）。

图8-2　短截过多的杏树

图8-3　花受冻害

5. 病虫害严重　李树、杏树在多年不进行病虫害防治时，易受病虫侵袭，造成树势衰弱、败育花率高。如蚜虫、红蜘蛛、介壳虫、浮尘子等会吸食树体营养；黄刺蛾、舟形毛虫、金龟子、穿孔病、杏疗病等危害叶片；李食蜂、杏仁蜂、桃小实心虫、轮纹病、炭疽病等危害果实；天牛、小蠹虫和干腐病、流胶病等危害枝干，严重的会使枝干枯死，甚至整株死亡，从而导致产量和质量明显下降（图8-4至图8-15）。

（二）低产李园、杏园的改造办法

1. 高接换种　对丰产性差、品质不佳、经济效益低的劣质品种，应采取改接优良品种的方法，从根本上解决问题。河南省

图8-4　蚜虫

图8-5　红蜘蛛

图8-6　浮尘子危害状

图8-7　杏球坚介壳虫

图8-8　黄刺蛾

图8-9　杏疔病

图 8-10 顶梢卷叶蛾

图 8-11 李食蜂危害外观

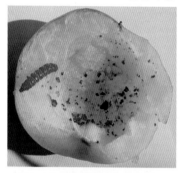

图 8-12 桃小食心虫危害果实

图 8-13 小 蠹 虫

图 8-14 红颈天牛成虫

图 8-15 干 腐 病

郑州郊区果农将 30 株 8 年生杏改接成 98-6 杏后,此树第二年开始结果,第三年恢复到原来的产量。河南省中牟县某试验场将 20 余株 5 年生实生杏树改接成凯特杏,第二年平均株产 25 千克,最高株产 40 千克(图 8-16 至图 8-19)。

2. 配置适当的授粉品种 选择与主栽品种杂交亲和性强、花期一致、花粉量大、花粉生活力强的品种作授粉树，授粉树以株间插接为宜。授粉树与主栽品种的比例根据栽植密度而定，一般为 1:4 ~ 5（图 8-20）。暂时无授粉树或授粉树较少时，可采用人工辅助授粉的方法来解决。人工辅助授粉最好与花期喷水或喷 0.3% 硼砂水溶液结合起来，可明显提高坐果率。人工辅助授粉的方法如下。

图 8-16　带木质部芽接　　图 8-17　劈　接　　图 8-18　插 皮 接

 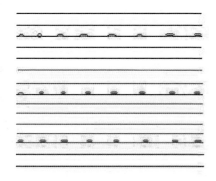

图 8-19　腹　接　　　图 8-20　授粉树按 1:4 配置

（1）花粉的准备　在开花的前 1 ~ 2 天，采摘授粉品种的大蕾期花蕾（呈气球状）或初开的花（图 8-21）。将花瓣掰开，在一个细铁筛上揉搓，收集筛下的花药。花药放在比较光滑的纸上，在温度为 20℃ ~ 25℃ 的室内晾干。经一昼夜花药即可开裂散出黄色花粉（图 8-22）。将花粉收集于广口瓶中，并置于冷凉处保存备用。为了经济有效地使用花粉，在使用前可用滑石粉或甘薯淀粉等稀释剂将花粉稀释，比例（即重量比）为 1：5（即 1 份花粉：5 份稀释剂）。为使二者充分混合，可用细筛反复筛 1 ~ 2 次。

图 8-21　大蕾期的花

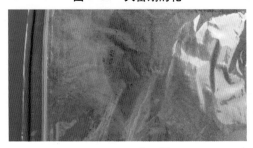

图 8-22　花　粉

（2）授粉　点授或抖授均可。点授是将稀释过的花粉，分装成小瓶（装青霉素的小瓶即可），用一个小橡皮头棒或小棉团棒作授粉笔，蘸取花粉向已开花的柱头上抹，使柱头布满花粉。抖授是用两层纱布包裹，扎成小包，拿着小包在花上抖动，使花粉落在柱头上。点授准确，但效率低。抖授快，但费花粉。在劳力缺乏时，可将花粉配成 5 000 倍的水悬液喷雾，效果也很好。因贮放1小时后的花粉,会因吸水而涨破,所以花粉水悬液应随配随用,不能久放。

人工辅助授粉宜在盛花期进行。李、杏花期短促,应事先做好充分准备。在授粉前可将过多的花和不完全花摘除,既节省劳力,又起到疏花作用。杏花梗脆,易折断,授粉时应注意,切勿碰伤。在春天干旱、花期又常刮风的地区,可将人工辅助授粉与盛花期喷水或与喷0.3%硼砂水溶液结合起来,效果会更佳。

3．加强土肥水管理　此项措施是低产杏园改造的前提和基础。只有加强土肥水管理,才能保证树势恢复所需的各种营养。具体实施的主要内容为:深翻土壤、扩大树盘、树盘覆草、追施有机肥和化肥,在较干旱的季节及时灌水。在肥水缺乏的地方可采用穴贮肥水、地面覆膜和地面覆草等技术。

(1) 深翻熟化　土壤深翻可改良土壤结构和土壤理化性质。深翻结合施有机肥料,能促进土壤团粒结构的形成,增强土壤的通透性,提高土壤保水、保肥能力,使根系能够向纵深处扩展,从而促进地上部的健壮生长。深翻的时期一般春、夏、秋三季均可进行,但以秋季更为适宜(图8-23)。深翻的深度以杏树主要根系分布层稍深为度,并要考虑土壤结构和土质。若在山区薄地或土质较黏重地,深度一般要求在80～100厘米;沙质土壤,土层深厚,深度在60厘米左右即可。

(2) 树盘管理　刨树盘是一项重要的土壤管理措施。

图8-23　深　翻

147

一般春季必须进行 1 次（刨土深度以 15～20 厘米为宜），以后根据杂草的生长情况及时松土、除草。树外缘下挖 80 厘米见方的坑，把杂草、作物秸秆等填入坑内，覆土后盖上农膜，中间打一低于四周的孔，不但能改良土壤，而且还能收集保存更多的雨水，效果极佳。

树盘覆盖杂草、作物秸秆有明显的保墒效果，可抑制树盘下的杂草生长，减少浇灌次数。同时，覆盖的有机物腐烂后还可增加土壤有机质含量，改善土壤的理化性质，促进根系和新梢的生

图 8-24　树盘覆盖草

长，提高产量和果实品质。且此法对延迟花期，避免晚霜危害也有一定的效果（图 8-24）。覆盖厚度一般为 15～20 厘米，在杂草或秸秆腐烂后应继续覆盖新的杂草、秸秆。密植李园、杏园在深翻后可沿定植行树下全部覆盖。

树盘下覆盖农膜具有明显的增温、保湿效应，可明显提高定植苗成活率。栽苗后浇 1 次水即覆膜，可全年不浇水，且苗木成活率达 95% 以上。方法：用一块 80 厘米见方的塑料薄膜，从定植苗的干上套下，四周用土压紧，并筑起土埂，使树盘里低外高；农膜相接处用土压紧，在树盘中央最低处将农膜扎一孔，并用土块压住，则注水或降水时，水可从此孔渗入土壤中。高密度杏园可沿定植行树下全部覆膜。据辽宁报道，多年覆膜与不覆膜的 4 年生杏树相比，前者比后者单位垂直面积上的根系数量可增加 33%～70%，干径增长 16%，1 年生枝长度增长 60%。干旱地区采用漏斗式整地也能明显提高栽植成活率（图 8-25）。

（3）行间管理　幼树期树冠较小，为充分利用土地和光能，

并弥补新栽杏园早年无产品而造成的经济损失，达到以短补长的目的，可在杏园行间合理间作。间作物和定植树之间要留一定距离的营养带，并且种植矮秆和浅根作物，种类以花生、红薯、豆类、瓜类、甘蓝菜及草莓为宜（图8-26）。对树冠已接近彼此搭接的成龄果园，不宜再种植间作物，可种植绿肥作物。果园种植绿肥，既可抑制杂草生长、壮树、增产，又能改良土壤，达到以园养园的目的。适于果园种植的绿肥有1年生的毛叶苕子、乌豇豆、蚕豆以及其他豆科作物，还有多年生的沙打旺、紫穗槐、草木樨、三叶草等。绿肥除了集中刈割埋压、树盘覆盖等直接利用外，还可先作饲料后变肥的间接利用。

图8-25　漏斗式栽树

图8-26　间作黄豆

　　（4）果园生草　果园生草法，即人工全园种草或只果树行间带种草，所种的草是优良的1年生或多年生牧草；也可以是除去不适宜种类杂草的自然生草；生草地已不再有草刈割以外的耕作（图8-27）；人工生草地由于草的种类是经过人工选择的，它能控制不良杂草对果树和果园土壤的有害影响。欧美一些国家，果园实施生草法的历史已很长久。实践证明，在多种土壤管理方法中比较，生草法是最好的一种。

图 8-27　自然生草

根据目前我国果园和牧草资源的条件，采用人工生草的草种类的选择原则主要如下。

①草的高度　草生长得较低矮，生长快，有较高的产草量，地面覆盖率高。主要是考虑生草尽量不影响或少影响果园的通风透光，一般生长最大高度应在50厘米以下，匍匐生长的草较理想。

②草的根系　草的根系应以须根为主，最好没有粗大的主根，或有主根而在土壤中分布不深。在众多的草资源中，禾本科的草为多须根系，根分布浅，是较理想的生草种类。

③无共同的病虫害　没有与果树共同的病虫害，但又能为果树害虫天敌提供栖息场所。

④覆盖时间　地面覆盖的时间长而旺盛生长的时间短。主要是可以减少草与果树争夺土壤中水分和营养的时间。

⑤耐阴、耐践踏　果树高大会遮住阳光，如果草是喜光品种则会影响草的生长。应选择既在树阴下能生长，又不怕机械或人工作业的倾压或践踏，甚至还能促进其茎蔓着地生根，或促进多分蘖，更快地繁殖和覆盖地面的草种。

⑥繁殖简便，管理省工，适合于机械作业　一种草不可能同时具备以上所有条件。在选择草的种类时，根据果园的情况，对草的要求可以有不同的侧重点。如幼龄果园，果树行间空地大，草可以较高大些，这样草生长量大、产草量高，覆盖得快，可以更快提高土壤肥力，且草和果树的矛盾不大；成年果园则选择耐

阴性好，还要强调草不能是高大的品种。

果园生草，可以是单一的草种类，也可以是两种或多种草混种。国外许多生草的果园，多选择豆科的白三叶草与禾本科的早熟禾草混种。这两种草混种，白三叶草根瘤菌有固氮能力，能培肥地力；早熟禾耐旱，适应性强；两者结合起来，生草效果更好（图8-28）。

图8-28 三叶草

（5）果园覆盖 全果园或树下覆盖有机物或塑料薄膜，可有效地控制杂草，减少土壤水分的蒸发。覆盖有机物将土壤表层水、肥、气、热不稳定的土层，变成适宜的稳定生态层，可以扩大根系分布层的范围，在底土黏重和土层较浅的果园，效果更好。覆盖有机物，随有机物的腐烂分解，土壤有机质含量会逐渐提高。覆盖还可减少土壤冲刷，防止杂草生长，节约劳动成本。在天旱少雨的年份，覆盖效果更为明显。覆盖塑料薄膜可以提高早春地温；覆盖有机物可降低夏季土壤温度；秋季保持适宜低温，不仅可以延长吸收根系的生长期，还可以增加树体的营养积累。秋季覆盖塑料薄膜还可增加地面的反射光，使树内膛部的果实得到更多的光照，容易积累糖分，从而提高果实产量和质量。

一般的作物秸秆都可以作为覆盖材料，如麦秸、玉米秸、豆秸、稻草、花生秧、红薯秧、各种绿肥及杂草，覆盖的厚度以20厘米左右为宜。经过1个夏季的风化，可以结合秋季施基肥，把秸秆填入施肥沟底。果园覆盖应注意的问题：①覆盖的时间，如在早春覆盖有机物，土壤温度回升缓慢，抑制根系的吸收活动，从而影响到果树地上的生长发育。②在低洼的夏湿地区，覆盖会使雨季土壤水分过多，不利于果树适时停止生长。③覆盖作物秸秆时，如果太干燥易引起火灾，要在覆盖物上零星地覆些土。④因覆盖的果园表层根系增加，冬季需要注意覆厚土或保持覆盖状态，以免根系受冻害。

（6）肥料品种选择

①有机肥料　有机肥料包括动物的粪便、腐烂的作物秸秆及油料作物出过油的饼。有机肥料来源广、潜力大、既经济又容易得到。有机肥有丰富的有机质和腐殖质及果树所需要的各种大量元素和微量元素，并含有多种激素、维生素、抗生素等，称为完全肥料。但养分主要是以有机态存在，果树不能直接利用，必须经过微生物的发酵分解，才能被果树吸收利用。多施有机肥不仅能供给果树生长需要的各种营养元素，还能改良土壤，提高土壤肥力。有机肥的肥效长而稳，但见效较慢。不同有机肥料营养成分见表8-1。

表8-1　常用有机肥料营养成分含量

肥料名称	有机质含量（%）	N含量（%）	P_2O_5含量（%）	K_2O含量（%）	CaO含量（%）
土杂肥	—	0.2	0.18~0.25	0.7~2.0	—
猪　粪	15.0	0.56	0.40	0.44	—
猪　尿	2.5	0.30	0.12	0.95	
牛　粪	14.5	0.32	0.25	0.15	0.34
牛　尿	3.0	0.5	0.03	0.65	0.01
马　粪	20.0	0.55	0.30	0.24	0.15
马　尿	6.5	1.20	0.01	1.50	0.45
羊　粪	28.0	0.65	0.50	0.25	0.46
羊　尿	7.20	1.40	0.03	1.20	0.16
人　粪	20.0	1.0	0.50	0.31	—

续表 8-1

肥料名称	有机质含量（%）	N 含量（%）	P₂O₅ 含量（%）	K₂O 含量（%）	CaO 含量（%）
人 尿	3.0	0.50	0.13	0.19	—
大豆饼	—	0.70	1.32	2.13	—
花生饼	—	6.32	1.17	1.34	—
棉籽饼	—	4.85	2.02	1.90	—
菜籽饼	—	4.60	2.48	1.40	—
芝麻饼	—	6.20	2.95	1.40	—

②无机肥料（化学肥料） 化学肥料具有养分含量高、肥力大、肥效快等特点，但养分单纯，不含有机物，肥效短。长期单纯使用化学肥料，会破坏土壤结构，使土壤板结，肥力下降。必须注意配合有机肥使用。氮素肥料的主要种类有硝酸铵、碳酸氢铵、尿素等；磷肥的主要种类有过磷酸钙、磷矿粉等；钾肥的主要种类有硫酸钾、氯化钾等。还有两种以上元素组成的复合肥料、果树专用肥等。常用化肥养分含量见表8-2。

表8-2 几种化学肥料养分含量表

名　称	养分含量（%）
硝酸铵	34
碳酸氢铵	17
硫酸铵	20～21
磷酸二铵	氮16～21，磷46～53
硫酸铵	34
氯化钾	50～60
尿　素	46
过磷酸钙	氮16～18

果树是多年生作物，长期固定在同一地点，每年生长、结果都需要从土壤中吸收大量的营养元素。为了保证杏幼树的提早结

果、早期丰产，以及大树的稳产、高产、优质、健康长寿，必须及时施肥补充养分，才能满足果树生长和结果的需要。根据果树生长时期和生长发育状态的不同，选用不同种类的肥料，基肥多用迟效性有机肥料，逐渐分解，供果树长期吸收利用。追肥应选用无机肥，因无机肥的肥效快，果树易吸收。

（7）合理施肥量　肥量受多种因素的影响。不同树龄及不同生长、结果情况的树，施肥量不同。不同土壤条件，也影响施肥量。瘠薄土壤比肥沃土壤施肥要多。目前，提倡用营养诊断指导施肥，也只能指出某种元素的盈亏情况，并不能具体提出保证果树正常生长、结果所需要增加或减少的具体数量。要想最终解决施肥量问题，做到真正合理、科学地施肥，只有将果树营养诊断和果树营养平衡施肥法（即果树每年吸收带走多少营养元素，就补充多少营养元素，做到收支平衡）结合起来，才能解决定性和定量的问题，而量的解决则是主要和根本的。

要想知道该果园应该施多少肥料既能满足果树的需要，又不造成过量的浪费。首先，要通过营养分析确定果树的年吸收分量，再计算果树的年吸收总量。一定要按照果树各器官发育成熟的先后，分别记载花、落果、叶、果实、枝、干、根等各部分的生长总鲜量、总干量，并分析各种主要营养元素的百分含量。以某器官总干重乘以该器官营养成分含量，即是某器官的年吸收总量。把所有器官吸收量相加，就是果树的年吸收总量。其次，要知道该果园在土壤不施肥的情况下，土壤中也含有大量和微量元素，供给果树生长发育需要的量，则为天然供肥量。从我国大量的农业田间试验得知，各种土壤在一般情况下，肥料三要素的天然供应量大致为：占作物对氮吸收量的约1/3，对磷吸收量的约1/2，对钾吸收量的约1/2。最后，还要知道肥料的利用率，无论是有机肥或是无机肥，施入果园后，都不可能全被果树根系吸收利用，一部分被土壤中的胶体吸附，供果树吸收利用；一部分则变为难溶性化合物被固定；另一部分由于淋溶和挥发而损失。肥料利用率是指当年果树吸收所施肥料中的养分量，占所施肥料有效养分含量的百分数，计算公式如下：

$$肥料利用率 = \frac{果树中吸收的养分含量}{施用肥料的有效养分含量} \times 100\%$$

肥料利用率的多少，还受气温、土壤条件、肥料种类、形态、施肥方法等影响。各地果园在计算肥料利用率时，据中国农业科学院土壤肥料研究所提出的平均数值作为参考值。常用于果园的有机和无机肥料当年利用率见表8-3。

表8-3 常用有机肥、无机肥当年利用率

肥料名称	当年利用率（%）	肥料名称	当年利用率（%）
一般土杂粪	15	尿 素	35～40
大粪干	25	硫酸铵	35
猪 粪	30	硝酸铵	35～40
草木灰	40	过磷酸钙	20～25
菜籽饼	25	硫酸钾	40～50
棉籽饼	25	氯化钾	40～50
花生饼	25	复合肥	40
大 豆	25	钙镁磷肥	34～40

知道了果树的吸收量、天然供肥量和肥料利用率等3个数值以后，把数值代入公式，计算出某种肥料的合理施用量。

$$合理施肥量 = \frac{果树吸收量 - 天然供肥量}{施用肥料利用率}$$

如在计算钾肥合理施用量时，已知钾的吸收量为30千克，钾的天然供肥量为 $30 \times 1/2 = 15$，钾肥利用率按45%。通过公式计算，便可求得钾的合理施用量为33千克。

图 8-29 开沟施肥

对于基肥施用量，一般优质丰产的果园，土壤有机质含量在 1%以上，有的达到 1.5%~2%，但大多数果园有机质含量在 1%以下。这就要大量增加基肥的用量，以提高地力。施肥原则是重点施足基肥，1 年生幼树 1 次，每株施优质有机肥 15~20 千克；初结果树 25~50 千克，成年大树 60~100 千克。有机肥和过磷酸钙或氮、磷、钾复合肥作基肥效果好（图 8-29）。

4. 加强病虫害防治 病虫害猖獗是造成杏园低产的重要原因之一。长期放任生长，粗放管理，不但经济效益低下，而且还会促进病虫的蔓延。因此，要改造低产杏园必须抓好除虫灭病工作（图 8-30 至图 8-32）。低产杏园往往是多种病虫复合侵染，因此除针对具体的病虫实施喷药防治外，还应注意综合防治。在冬、春应细致地进行刮树皮和涂白工作；在萌芽前喷布 5 波美度石硫合剂，达到淋洗程度；清除园内杂草，拣拾病虫落果，结合修剪彻底清除病虫枝，并做好填堵树洞等树体保护工作。

图 8-30 原糖诱捕器

图 8-31 杀虫灯

5. 适度修剪　各产区低产杏园，大多不修剪，自然生长，树冠郁闭，树形紊乱，树冠内膛空虚、光秃，只在外围结果。此类树在加强肥水管理的基础上应进行合理修剪，适当疏除一部分大枝，调整树体结构，打开光路。对

图 8-32　梨小干扰素

一些基部光秃的骨干枝和大型枝组应进行重回缩，促生新枝。实践证明，对放任低产杏园改造修剪时应掌握轻重，以适度修剪、逐年复壮、因树修剪、随枝造形为原则，既可达到恢复树势的目的，也可迅速增加产量，同时还可避免由过重修剪造成的病害蔓延和产量的急剧下降（图 8-33，图 8-34）。对树体生长过旺、花芽量少而造成低产的杏园，修剪时应对中心干和主、侧枝延长枝进行短截，其余枝全部进行缓放拉枝和疏枝处理。另外，土壤根施多效唑 10 ～ 15 克和叶面喷施多效唑 200 ～ 400 倍液也可明显减少杏树新梢生长量，显著增加花芽数量。

图 8-33　一高一低修剪

图 8-34　大树复壮修剪

6.预防花期霜冻　杏树花期正是气温剧烈变化的季节，常有寒潮或大风降温天气，晚霜时有发生，对花芽、花和幼果的危害极大，往往造成减产或绝产。据调查，2015年4月11～12日的杏树幼果期，河南省等地区气温降突降、大风，使杏树遭受冻害，冻害率高达80%以上，造成大面积减产。因此，如何有效地预防花期霜冻，是我国李、杏产区争取高产稳产需要解决的重要问题之一。预防霜害的措施很多，除了合理选择园址和选用抗寒晚花品种之外，在霜冻来临前采取一些必要的措施也会免除或减轻霜害的程度。熏烟法和灌水法最为简便有效，适于大面积采用。

（1）熏烟法　是我国传统的果园防霜方法（图8-35）。熏烟之所以能预防霜害，主要原因：一是点燃烟堆本身施放的热量，提高了杏园的温度。二是由二氧化碳和水蒸气所形成的烟幕阻止了冷空气的下沉与流动，减少了地面热量的辐射，从而使杏园的气温不致下降到引起冻害的临界温度（初花期-3.9℃，盛花期-2.2℃，幼果期-0.6℃）。熏烟堆通常是由作物秸秆、落叶、杂草等堆成。为了产生大量烟雾，无明火发生，宜在熏

图8-35　熏　烟

烟堆上盖些潮湿的材料或压一薄层细土。熏烟堆应放在果园的上风头，每堆用柴草25千克左右，每667米^{2}以6～10堆为宜，堆的大小应根据熏烟材料而定。实践证明，以落叶的熏烟效果最好，可在秋季就地收集落叶，以备熏烟之用。如无柴草落叶可用，也可将硝铵、柴油、锯末按3：1：6的重量比混合制成烟雾剂。烟雾剂的堆间距约为30米；具体情况视风力、风向而定。

图8-36 防霜报警器

为了及时有效地防霜，又不浪费燃料，烟堆布置和点火的时间应使用自动防霜报警器决定（图8-36）。在接到霜冻预报后，应及时组织人力，准备烟堆，夜晚应有专人值班，熏烟可提高果园气温2℃以上，从而可有效地预防霜冻。霜冻多发生在凌晨3～5时，因此后半夜的观测尤其重要。

（2）灌水法　熏烟法对于辐射霜冻是比较有效的，但对大风降温带来的寒潮侵袭，对于平流霜冻引起的冻害，效果则不佳。主要原因在于，大风不但会吹走烟雾，还会加剧树体内水分的蒸发，使冻害程度加重。因此，当有大风降温预报时，以灌水防冻效果最好（图8-37）。灌水不仅可降低地面辐射，还可补充树体水分，增加空气湿度，提高露点温度，从而降低冻害程度。同时，灌水也可以推迟花期3～4天，有利于花粉避开霜冻。

（3）喷抑蒸保温剂　花蕾期和幼果期喷保温剂，可有效地防御大风和低温对杏花及幼果的伤害，提高坐果率50%～60%；但不宜在盛花期喷布，以免影响授粉。保温剂的浓度以1：60为宜，过稀效果较差；过浓有伤害作用。根据辽宁省干旱地区造林研究所的研究，叶面增温剂（上海长风化工厂制）和磷脂

图8-37 喷 灌

钠(长春产)都有防止幼果受冻的作用。

（4）控制花期　在花芽膨大期喷青鲜素 500～2000 毫克／升水溶液，可推迟开花期 4～6 天；在花芽稍微露白时喷石灰乳（按水 50：生石灰 10 的重量比配制，同时加 100 克柴油），也可推迟花期 5～6 天。

7. 刮树皮和树干涂白　成年树树皮粗糙，老皮翘起，并形成很多缝隙，成为许多害虫藏身产卵、越冬的场所。此外，老树皮增厚，有碍树干组织的呼吸作用，不利于树的生长发育。因此，每年应对成年杏树进行 1 次刮树皮的工作，以消灭越冬害虫、虫卵及病菌孢子，促进树体发育。

刮树皮以早春进行为宜。因此时越冬害虫尚未出蛰，虫卵也未孵化，且无树叶妨碍，操作较易进行。刮树皮应用专用的刮皮刀，既方便又安全，若无刮皮刀，也可用镰刀代替。刮的深度以刮去老皮为度，不宜过深，掌握"见红不见白"的原则。所谓"见白"就是刮到了韧皮组织，这样会造成伤口，引起冻害和流胶，从而影响树体的生长。刮下的树皮，应集中烧毁。刮皮时须在地面上提前铺一块塑料布，以便收集和收拾刮下的树皮、碎屑、虫体和虫卵等。除主干老皮要刮外，大枝上也要刮除干净，特别是分枝处皱褶多，最易隐匿害虫，应仔细刮除。

涂白也是树体保护的一项重要措施，它既可以消灭越冬害虫和病菌，又可防日灼病（图 8-38）。日灼病常发生在新植的幼树与更新修剪的老树上。高接换头和病虫危害严重而招致落叶的杏树上，这主要是由枝干失去叶幕的遮挡，阳光直射而引起

图 8-38　树干涂白

向阳面熟皮坏死，甚至腐烂、流胶等症状。日灼病在昼夜温差较大的地区更易发生。防止日灼病，除修剪时注意不可过重，适当多留枝条外，枝干涂白也是相当有效的方法。即在主干和大枝上涂一层涂白剂，不仅可反射阳光，减慢树干增温速度，防止日灼病的发生，还可杀死害虫、虫卵和病菌孢子，减少病虫害的发生。

涂白剂的配方：水18升，兽油（或柴油）100克，食盐1千克，生石灰6～7千克，石硫合剂原液1千克。配制方法：先将生石灰用少许水化开，食盐也化成食盐水，把化好的兽油倒进石灰水中充分搅拌，再把剩余的水加入，搅拌均匀，最后将盐水和石硫合剂加入，混合均匀即成。使用时用毛刷涂在树干和大枝上，分杈处和根颈部也要涂到。为了防止涂白剂脱落，或增加其黏着力，也可在其中加入1千克水泥或一些豆浆。将刮树皮和涂白结合起来使用，即刮树皮后再涂白，对于成年树的防虫灭病效果更好。

8. 顶枝和吊枝　在盛果期往往由于挂果太多，常出现大枝压折、劈裂等现象。尤其是形成大小年的树，大年结果过多，负载过重，损伤大枝更为严重。因此，应在大年的早春萌芽前，进行顶枝和吊枝工作。方法是在树冠中心立一木杆，木杆下端固定在主干上，木杆上端要高出树冠100～150厘米，在木杆的中上部绑一横杆，横杆两端固定在大枝上，使中心木杆牢固；然后用绳将各大枝吊在中心杆上，绳扣要系在大枝的中央。这样各大枝吊好后使树冠呈伞状，故名"伞状吊枝法"。此外，较大的枝组也可吊在大枝上。吊好的树冠可防止大枝压折，也可防止大风吹折。对于树冠较小、主枝较低的杏树，可用木棍顶枝。

9. 伤口处理　较重的修剪，病虫的危害，超重的负载，以及大风、雷击等常给树造成较大的创伤。这些大的伤口，如不及时加以处理，会引起病菌的侵染，导致创面腐烂，严重时使木质部腐朽，造成空心，严重削弱树势、缩短寿命。处理的方法是：①将大的锯口用利刀削平，涂上石硫合剂，并用塑料布包裹。②冬剪不利于大锯口愈合，要去的大枝应留桩20厘米，待春季萌芽后再自基部锯掉，以利伤口愈合。③风折枝、雷击枝及压折枝均应用锯将伤口锯平，用刀削平锯口后用塑料布包裹。④对于老树上的树洞，应清除洞内朽木、泥土，然后填以石块，用水泥或石灰抹平，防止继续朽烂。⑤对于病枝应将局部树皮刮除，露出新茬，涂上涂白剂并用塑料布包住。伤口最好刮成梭形，以利愈合。⑥对于人、畜碰伤的大块树皮，也应将边缘处刮平，以利愈合。较大的创面可采用桥接的方法补救，即选创面下部的徒长枝或萌蘖枝，一端削成马耳形，在伤口的上方10～15厘米处斜着切一刀口，将桥接枝削面向内插入，用塑料布条固定并包严。若无徒长枝可利用，则可利用较长的1年生发育枝，两端都削成斜面，作为桥接枝，然后在两端分别插入伤口上、下的切口内，用小钉钉住，用塑料布包严（图8-39）。桥接宜在春季萌芽后进行，此期成活率较高。

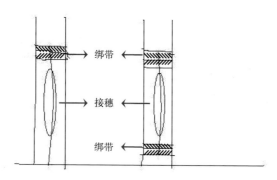

图8-39 桥接法（实生苗或根蘖苗）